果蔬加工实用技术

喻凤香 编著

湖南科学技术出版社
·长沙·

图书在版编目（CIP）数据

果蔬加工实用技术 / 喻凤香编著. — 长沙 : 湖南科学技术出版社，2023.7

ISBN 978-7-5710-2258-7

Ⅰ. ①果… Ⅱ. ①喻… Ⅲ. ①果蔬加工 Ⅳ. ①TS255.3

中国国家版本馆CIP数据核字(2023)第103667号

GUOSHU JIAGONG SHIYONG JISHU

果蔬加工实用技术

编　　著：喻凤香

出 版 人：潘晓山

责任编辑：任　妮　欧阳建文

出版发行：湖南科学技术出版社

社　　址：长沙市芙蓉中路一段416号泊富国际金融中心

网　　址：http://www.hnstp.com

湖南科学技术出版社天猫旗舰店网址：

http://hnkjcbs.tmall.com

邮购联系：0731-84375808

印　　刷：长沙艺铖印刷包装有限公司

（印装质量问题请直接与本厂联系）

厂　　址：长沙市宁乡高新区金洲南路350号亮之星工业园

邮　　编：410604

版　　次：2023年7月第1版

印　　次：2023年7月第1次印刷

开　　本：710mm×1000mm　1/16

印　　张：13.75

字　　数：237 千字

书　　号：ISBN 978-7-5710-2258-7

定　　价：39.00元

前　言

PREFACE

我国果蔬产量大，消费多，但也存在浪费、加工不足等问题。大规模的果蔬储存或加工场所投资大、专业性强，在乡村振兴背景下，广大农村、县域由于地理位置、交通条件等限制，简易科学、切实可行的技术更为实用。尤其果蔬种植户更需要专业的果蔬储存和加工知识，结合自身条件对果蔬原料进行科学储存、合理商品化处理、初加工、深加工等。首先，本书采用大量的实物图片展示果蔬加工的过程、果蔬产品的性状等，使读者对果蔬加工的了解更为直观。其次，采用的文字描述更为直接具体，以期零基础的创业人员也能读懂。因此，本书除了满足普通高等院校食品加工技术、食品检验检测技术、食品营养与检测等专业师生，以及其他从事食品加工的研究人员等参考外，还可供果蔬种植人员、农业技术人员、果蔬加工作坊工人、食品企业员工、食品行业从业人员等参考。

当前我国对食品安全非常重视，而果蔬是我国居民每天大量摄取的食物，果蔬原料及其制品的安全性尤为重要。果蔬原料的种植者、销售者、加工者更需要依法依规、合理合法地进行生产经营活动。本书详细总结了与果蔬原料安全有关的规定，包含《中华人民共和国农产品质量安全法》《中华人民共和国食品安全法》，以及历年来农业农村部对农业投入品的公告、规定等，并详细列举了与果蔬有关的食品安全国家标准、食品安全地方标准、湖南省食品安全相关法规等，对GB2760《食品安全国家标准　食品添加剂的使用》中果蔬相关内容进行了重点解读，使读者对果蔬食品的安全性有更深的认识，对相关规定更了然于心。

鉴于作者水平有限，本书疏漏及不妥之处在所难免，敬请读者不吝批评指正！

目　录
CONTENTS

第一章 绪 论

果蔬加工是指采用水果、蔬菜为原料，利用其自身的加工特性，采用各种加工方法而制成加工品的过程，其加工品主要有罐制品、汁制品、糖制品、腌制品、酒制品、干制品、速冻制品、最少加工制品等。

第一节 我国果蔬加工产业的现状及发展趋势

一、果蔬保鲜现状

我国果蔬产量大且稳步上升，我国居民以植物性食品为主，也是果蔬消费大国。由于果蔬生产的地域性、季节性强，我国现有果蔬储藏与加工能力和水平受限，如蔬菜预冷和冷链运输能力不足，精深加工及综合利用技术有限等，致使每年采收后腐烂损耗高，造成农副产品资源的极大浪费，严重影响了农村经济的发展。以蔬菜为例，由于预冷保鲜、冷链流通、冷藏运输等条件制约，某些地区流通损耗率高，远远超过了正常损耗。

为了延长果蔬采后储存期，目前果蔬保鲜技术研究受到广泛关注。现有果蔬保鲜储藏方法有简易储藏、低温储藏、气调储藏、化学保鲜储藏、辐照保鲜储藏等。其中以低温冷藏、气调库储藏和农村传统采用的窖藏、沟藏等方式为主。其中气调库保鲜技术应用较广，但由于种种原因发展速度较慢，占比不高，发展空间较大。

二、果蔬加工现状

（一）概况

我国种植果蔬历史悠久，但果蔬加工仍然不够完善。加工深度、技术装备、产品品种等方面都有较大的发展空间。发达国家水果进行加工的比例多，占40%～70%，个别国家占比70%～80%，不但增加了果蔬附加值，而且造成的浪费和污染也较少。而我国大部分的水果用于鲜销，加工比例较小，净菜、方便食品、半成品、速冻食品也较少，加工量不足，加工空间大，综合效益有待提高。

（二）果蔬罐头的加工

在加工产品品种方面，罐头一直是果蔬加工的主要品种，也是我国出口的传统商品。果蔬中的大部分品种均可以加工成罐头，罐头由于物理杀菌，排气密封，绿色安全，保质期长，大部分可达10～18个月，能缓解新鲜果蔬季节性供应不足的难题，也能缓解部分地区新鲜果蔬供应不足而营养缺乏的难题，更能增加果蔬的综合利用价值。

（三）果蔬汁的加工

近年来，我国果蔬汁加工发展迅速，果汁饮料市场规模保持稳定增长，市场上涌现了大批果蔬汁及其饮料。目前果蔬汁及其饮料主要有果蔬汁、浓缩果蔬汁、果蔬汁类饮料。备受欢迎的NFC果蔬汁，是指果蔬原料经过取汁后直接进行杀菌，NFC即Not From Concentrate，非浓缩还原汁，这种果汁较好地保存了果蔬的营养和风味。

（四）果蔬粉的加工

果蔬粉是将新鲜果蔬干燥后粉碎成粉状，一般含水量低于6%，或者将果蔬制作成果蔬浆再喷雾干燥成粉末而制成。果蔬粉由于去除了大部分水分，限制了微生物和酶的活性，因而产品可以长期储存。而果蔬中的其他营养成分得以保留，因此果蔬粉是一种高效、优质、环保的加工产品，大大减少了果蔬储存和运输成本。采用高新技术将果蔬粉加工到微米级，更容易消化吸收。

（五）果蔬中功能成分的提取

新鲜果蔬中含有多种天然活性物质，对人体健康非常有益，可以采用现代高新技术提取其中的有益成分，添加到保健食品、营养强化食品等各类产品中。如紫红葡萄皮中藜芦醇具有防血栓等功效。蓝莓与苹果、杏、香蕉、黑莓同为联合国粮农组织（FAO）推荐的健康水果，富含抗氧化功能物质。核桃等坚果富含类黄酮。南瓜中含有降糖因子，有益于防治糖尿病。大蒜富含硫化物能抗氧化，清除自由基，番茄富含番茄红素，有助于预防肿瘤。胡萝卜富含胡萝卜素，能转化成维生素A，具有明目、抗氧化、提高抵抗力等作用。菠菜富含叶黄素，可缓解老年人视力退化等。

（六）果蔬的初级加工

相对于深加工而言，只对果蔬进行初级加工也是今后果蔬加工具有较好前景的一个方向。初级加工只对果蔬采取清洗、去根、去皮、切分等简单操作，保持果蔬的新鲜和呼吸。目前产品主要有几种形式：①净菜，在产地进行清洗等操作，技术简单、无须特殊设备及专业技术人员，能方便运输、减少城市垃圾。去除了大量的不可食部分，不但防止了交叉污染，还能满足城市高节奏的生活需要。②半成品菜。将原料进行简单地去皮、切分、消毒、包装，做成半成品菜，能一定程度防止微生物繁殖，增加产品保鲜期，且为后续加工省去了多道工序，深受年轻人喜爱，也能作为餐饮行业的原料，满足快速、高效的需求。③速冻菜。果蔬冻藏技术由于能较好地保存原料的营养和风味，解冻后即能较好地恢复原料的性状，甚至有些加工品无须解冻可直接利用速冻原料进行加工。速冻是一种安全、高效、绿色的方法，前景广阔。

（七）果蔬的综合利用

在果蔬加工中不可避免会有一些废弃物产生，如残次果、果皮、果核、种子、果渣等，具有很高的利用价值，可以进行综合利用，如利用苹果榨汁以后的苹果渣可以加工成苹果酱，从柑橘皮中可以提取香精油；苹果、桃、杏、西瓜等的果皮可以提取果胶；从酿酒后的葡萄皮渣中可以提取酒石酸；从辣椒、胡萝卜等蔬菜的下脚料中可以提取天然色素；可以利用椰子壳、杏仁壳等制造食品医药行业广泛应用的活性炭等。国内外果蔬加工行业非常重视对果蔬加工废弃物的综合利用、无废弃物开发。

（八）高新技术应用于果蔬加工

随着科学的发展和技术的进步，一些生物的、化学的、物理的高新技术逐渐被应用到果蔬加工领域。①食品生物技术。如分离、筛选、鉴定果蔬发酵用的优良菌种，开发直投式发酵剂，开发具有防腐保鲜作用的酶制剂，开发高产乙醇酵母，开发生淀粉酵母等。②高效分离技术。如高效萃取工艺研究、新提取材料的研究等。③冷杀菌技术。如 γ 射线、超高压杀菌等技术研究，以克服加热导致的营养物质和风味物质损失等问题。④超微粉碎技术。⑤果蔬保鲜技术。

第二节 果蔬加工行业相关政策

作为农业现代化的重要一环，近年来果蔬加工行业得到了国家相关部门的高度重视，并出台了一系列相关政策（表 1－1）。

表 1-1　果蔬加工相关政策汇总

时间	发布部门	政策文件	与果蔬有关内容
2021 年 9 月	农业农村部	《全国乡村重点产业目录（2021 年版）》	强化乡村产业与相关政策的衔接。
2021 年 1 月	农业农村部	《关于统筹利用撂荒地促进农业生产发展的指导意见》	将平原撂荒地优先用于粮食生产，丘陵地区撂荒地宜粮则粮、宜特则特。
2020 年 6 月	农业农村部、国家乡村振兴局	《社会资本投资农业农村指引（2021 年）》	鼓励社会资本参与粮食生产区和特色农产品发展区发展农产品加工业。
2020 年 2 月	中共中央、国务院	《关于抓好“三农”领域重点工作确保如期实现全面小康的意见》（2020 年中央一号文件）	继续调整优化农业结构，加强绿色食品、地理标志农产品认证，增加优质绿色农产品供给。
2019 年 12 月	国务院	《关于促进乡村产业振兴的指导意见》	推进质量兴农、绿色兴农，增强乡村产业持续增长力，培育一批“土字号”“乡字号”产品品牌。
2019 年 1 月	中共中央、国务院	《关于坚持农业农村优先发展做好“三农”工作的若干意见》	加快发展乡村特色产业、积极发展果菜茶、食用菌、林特花卉苗木等产业。以“粮头食尾”“农头工尾”为抓手。支持发展适合家庭农场和农民合作社的农产品初加工，支持县域发展农产品精深加工。
2018 年 12 月	湖南省人民政府办公厅	《关于创新体制机制推进农业绿色发展的实施意见》	提升产业发展质量，实现产品绿色高效。大力发展无公害农产品、绿色食品、有机食品和地理标志农产品。
2018 年 10 月	国家市场监督管理总局	《餐饮服务食品安全操作规范》	对现榨果蔬汁进行了明确规定，是指以新鲜果蔬为原料压榨而成，不包括调配而成的产品。
2018 年 9 月	中央农村工作领导小组办公室	《乡村振兴战略规划（2018—2022 年）》	壮大特色优势产业，保障农产品质量安全，实施产业兴村强县行动，到 2050 年如期实现农业农村现代化。
2018 年 4 月	中共湖南省委、湖南省人民政府	《关于实施乡村振兴战略开创新时代“三农”工作新局面的意见》	实施农业产业集群培育行动，着力打造粮食、油料、蔬菜、水果、茶叶等十大特色产业链。

续表

时间	发布部门	政策文件	与果蔬有关内容
2018 年 1 月	中共中央、国务院	《关于实施乡村振兴战略的意见》	实施质量兴农战略、食品安全战略，完善农产品质量和食品安全标准体系。

第二章 果蔬产品的安全控制

由果蔬原料引起的食品安全事件时有发生，某些不法商贩由于专业知识、文化知识、道德认知的缺陷，往往在果蔬种植过程中过量、违禁使用农药，甚至在果蔬采收后添加一些农药以增加果蔬的保存期。近年来政府推出的一系列文件均提到要“实施农产品质量安全保障工程，健全监管体系、检测体系、溯源体系”。为保障果蔬产品质量安全，需遵循相关法律法规和标准。

第一节 果蔬类农产品质量安全概况

为加强农产品与食品安全，政府推出了多项举措，发展“高产、优质、高效、生态、安全”现代农业，企业也采取了多项措施，但消费者对食品安全还是期待更高。①政府加大对农产品监管力度，原来没暴露的问题逐渐显现出来。②一些事件涉及如农残、重金属等问题使消费者对农产品信心下降。③随着人们生活水平的提高，“健康、营养膳食”成为老百姓普遍关心的问题。基本解决温饱后，消费者对食品安全性的要求和维权意识提高。④部分消费者往往笼统地将假冒伪劣农产品与真正的安全问题划上等号，对食品要求“零风险”，而初级农产品与食品生产在短时间内无法实现规模化、标准化，出现问题在所难免。⑤媒体的炒作。新闻报道有时鱼龙混杂，虚假和夸大的报道容易误导消费者，捕风捉影，以讹传讹的现象时有存在，某些论调常常起到误导作用。解决农产品质量安全问题是一个长期的任务，农产品质量安全监管体系有待不断完善。

一、农产品质量安全概述

果蔬原料质量安全水平稳中有升，蔬菜检测合格率较高。大宗食品、预包装食品监管逐渐完善，散装食品监管水平不断提高。

（一）果蔬类农产品特点

果蔬含水量高，组织脆嫩，容易腐败，不易储存，因此有一定的消费时限性。果蔬的生长容易受气候条件、土壤、水质等影响，因此每一批次的成熟度、大小、色泽、颜色等都有差异，难以标准化。果蔬外观的特征可以通过感官进行判别，而农药残留、重金属残留等质量安全信息极具隐蔽性，消费者无法辨别。由于食用不合格的农产品而导致急性中毒容易溯源，但由于食用不安全的农产品而造成的营养不良、慢性中毒等情况难以举证。农产品生产者对其质量安全信息往往较为清晰，但消费者却无法得知，这就导致两者信息不对称。农产品的价格长时间处于劣势，其价格上涨会导致以其为原料的中下游产品的价格变化，但农产品本身仍处于底层，农产品生产者往往没有定价权，而且自身的价格也受肥料、农药、种子、农具、人工等支出的影响。

（二）农产品安全问题容易被夸大

农产品安全事件往往容易出现一些错误的报道方式、错误观点、认识误区等，应逐渐改善并最终避免。如错误的报道方式主要有：信息多，转载多，表象多；调查少，求证少，科学分析少；采用吸引公众眼球的修辞描述事件；选择性的观点评论事件；夸大事实，以偏概全，以讹传讹，混淆概念。评论时易出现的错误观点主要有：个案质疑行业，局部风险解读为系统风险，微观的真实性推论为宏观的真实性，农产品中检出有害物质等于有毒农产品。常见认识误区主要有：将掺杂使假等同于不安全食品，不符合安全标准等于健康损害，质量问题与安全问题混淆。

（三）农产品安全问题是全世界面临的共同挑战

农产品安全问题不是中国“特产”，农产品安全是世界各国的共同问题，而且会长期存在。各国所面临的问题不尽相同，取决于发展阶段和国情。

（四）消费者信心不足

有调查显示超九成的人认为食品安全存在问题，近七成的人因此感到没有安全感，而此前的另一项调查显示，食品安全已超过社会治安、交通安全、医疗安全等10种安全问题，以最高的比例成为国人的最大不安。信心缺失的原因也有部分是由于对食品安全认识不到位。树立食品安全品牌形象，重建消费者信心非常重要。中共中央 国务院印发《乡村振兴战略规划（2018—2022年）》提出实施“食品安全战略”，“完善农产品认证体系和农产品质量安全监管追溯系统。落实生产经营者主体责任，强化生产经营者的质量安全意识。建立农资和农产品生产企业信用信息系统，对失信市场主体开展联合惩戒”。

（五）农产品安全认识不到位

食品安全指食品无毒、无害，符合应当有的营养要求，对人体健康不造成任何急性、亚急性或者慢性危害。许多被媒体曝光的假冒食品实际上不属于食品安全范畴，消费者应客观科学地看待。如掺水的成人牛奶相比纯牛奶、糖制的海参相比盐制海参能让商家获得更多的利益，属于假冒食品，但并不等同于有毒有害食品。

二、农产品质量安全问题溯源

（一）农产品质量安全受社会经济水平影响

经济的快速发展增加了农产品质量安全风险。如重金属污染，矿物开采容易导致镉（Cd）大米、砷（As）水。风险也受到现阶段经济发展水平的限制。同时农产品质量安全没有国籍，贸易全球化也可能带来潜在的风险。

（二）种养户小多散、自身管理能力差容易导致安全问题

我国种植养殖户多，从事农产品生产人员参差不齐；食品生产企业、销售企业、餐饮企业、小作坊、小餐饮、小摊点难计其数；食品工业和餐饮服务从业人员多。容易出现食品安全管理漏洞。将小而散的资源进行整合，对农产品的标准化和安全管理都是十分有利的。近年来，政府极力推荐规模化生产、养殖、种植等行业，大大地减少了潜在的风险。

（三）农产品质量安全受政府监管能力、思路及水平影响

国际上通行的监管模式是过程监管，而不是结果监管。为保障农产品质量安全，我国的抽样检验较多，我国农产品安全管理取得了长足进步，监管水平一直在不断完善之中。

（四）诚信道德的缺失

失德行为在任何行业都有。农产品安全问题不是靠一两次的整治能解决的，是一个长期的问题，从事农产品生产和初级加工的人员道德素质与其他行业相当。政府监管难，很大程度上依赖整个社会的道德水平。

（五）科学知识的社会化程度

果蔬种植者的科学文化水平、对质量安全的认知程度等都对质量安全至关重要，如果蔬采后能否喷洒农药以延长其储存期，有何依据，某些种植户可能并不重视能不能使用的问题，而更关心是否有效果。消费者的认知水平也起到一定的引导作用。如生熟食品分开，能减少肠胃炎的发生。食物不合理的搭配也可能导致相克或中毒，但消费者往往最先想到是食品安全问题。

三、我国农产品质量安全监管现状与难点

（一）农产品质量安全管理的特点

我国过去农业生产及经营分散，小而乱特点突出，监管难度较大。受监管对象众多，监管范围点多、量大，因此加大了农产品质量安全监管的难度。从农产品检测方面看，检测对象复杂。监测工作需要面对的群体比较广泛和复杂，如市场上很多小商贩对安全检测工作不重视、不主动，导致在检测时很容易出现漏检的情况。目前上述现象正逐步得到改善。

（二）多头监管现象正逐步解决

过去农产品质量安全监管是由多个行政部门执行，职责职能交叉、多头监管现象严重。我国采取了一系列措施来解决，但尚需要一段时间的磨合。贯彻落实《食品安全法》，国务院设立食品安全委员会，作为国务院食品安全工作的高层次议事协调机构。设立国务院食品安全委员会办公室，作为国务院食品安全委员会的办事机构，具体承担委员会的日常工作。之后又进行了原食药局、质监、食安办、工商等多部门的整合。整合食品安全监管职能，一方面更有效率地查处食品市场中的违法行为，另一方面也减少了食品市场中守法者的守法成本，减轻了被监管者的负担。

（三）法律法规逐步完善

《食品安全法》颁布后收效显著，且不断出台司法解释和更新。《食品安全法》的修订工作拟在“重典治乱”。同时一直在进行标准的清理工作，今后卫健委将统一标准。我国标准很多优于国外标准，如大米铅（Pb）、镉（Cd）严于国际标准，标准的制定是有国情的。标准的未必是健康无害的，不符合标准的未必是有毒有害的。安全食品是指符合国家标准规定，满足消费者健康要求的食品。标准的制定需科学客观，与时俱进，一个不科学的标准问题可能会毁掉一个行业。

（四）农业技术标准体系基本形成

标准范围发展到了农、林、牧、渔、饲料、农机、再生能源和生态环境等方面，基本涵盖了大农业的各个领域，贯穿了农业产前、产中、产后的全过程，已初步形成农业标准化体系并不断完善和整合。

（五）风险交流的缺口易导致过度执法

过度执法事件偶有发生，评估是纯科学家的行为，不受任何政治、经济、饮食文化、习惯的影响，是独立的评估。风险交流是我国当前实施风险

分析框架应加强的环节。我国人们接受新东西大多不应仅来自于茶余饭后谈话，互联网信息等，而应来自一些专业文件、科学杂志、政府报告等，后者进入茶余饭后不应存在真空。专家的风险评估（专业知识、政府报告、专家分析判断）与大众的风险感知（媒体信息、新媒体信息、公众观点）之间往往存在真空。茶余饭后没有科学根据的传播容易将食品添加剂、强化食品（碘盐、铁酱油）等污名化。

风险交流中易出现的一些问题，应尽量避免，如权威专家谨言慎行，不愿意面对媒体；媒体断章取义；媒体抓住新闻不经核实就发布，正确的科学信息明显处于劣势，而没有科学依据的误导信息却大占上风；自媒体发展迅速，信息流通便利，公众难辨真假。其结果是造成了消费者对食品安全的过度担心，不利于食品安全问题的解决。

四、我国农产品质量安全监管新任务

只有当农产品生产者生产质量安全的农产品能够获得一定的收入，且一旦生产不安全的农产品就将失去这些收入时，才能提供高质量的农产品。

（一）执法队伍的素质不断提高

从事农产品安全监管的人员应具备足够的农产品检测、农产品生产、农产品安全法律法规等相关的专业知识背景，才能有效的发现问题。过去特别是乡镇一线的具有专业素养的监管人员尤其缺乏，近年来我国通过定向培养、继续教育培训、短期培训、技术扶贫、技术考核等多种方式加大了对一线技术人员和技术知识的输入。逐渐改变食品监管检测仪器投入多，闲置多，人员无农产品检测相关背景，跨专业的不良现象，大力加强了农产品质量监督检测队伍建设。在人员编制上，根据各地要求和发展需要，配备一定有专业背景的高素质人才，未来还将不断改善检测队伍的人员结构。

（二）农产品法律法规的有效宣传

我国从事农产品种植、养殖的散户多，大多文化水平不高，对农产品相关法律法规认识比较抽象，甚至不认可、抵触。什么样的行为是违法犯罪行为，需要适合他们认知层次的形象宣传，而要农民去看文件、读法规、理解法规是一件比较困难的事。如对禁用于蔬菜水果的农药了解不够，对施药间隔期理解不清晰，甚至部分农民并不清楚廉价出售病死猪肉是违法的。另外一方面，农产品生产者本身的健康卫生意识也有待提高，如发霉的腊肉洗净后能不能食用？发霉的花生能不能榨油，能不能喂养牲畜？如果种养户自身都认可其可以食用，为减少损失，这种食品极大可能会被出售。如何形象地宣传农产品相关法律法规，并提高农产品生产者的健康卫生意识，是协助农产品质量安全监管的一个重要途径。特别是针对文化水平有限的一部分人，防范不知法而违法，要加强宣传。对黑作坊等知法而违法，明知农药等有毒有害物质超标而仍然出售的要严厉打击。

（三）建立农产品生产和销售透明的市场信息网络

建立健全透明的市场信息网络，以解决其质量安全信息不对称的问题，向各方提供准确、及时的质量信息，甚至还包括农产品生产者的征信情况等。

（四）加强农产品质量安全举报制度

农产品市场容易失灵，原因在于农产品生产经营者较消费者掌握更多的农产品质量信息。因此政府的监管非常必要，但我国拥有众多农户，分散经营，方法隐蔽，政府获取农产品违法生产信息、经营信息的成本较大，因此违法行为有时难以被及时查处。地摊食品操作人员是否带致病菌、是否有传染性疾病等督查较为困难。各地相继推出了有奖举报制度，开通了各种举报热线，有的省份奖励金额甚至相当高，说明政府对食品安全非常重视。

（五）加强农业投入品源头管理

严格规范农药、兽药等使用，对农药等投入品进行技术指导，如何使用农药，选择何种农药、使用量如何确定等这些技术问题，种植者应有自身的判断，而不依赖于农药的出售方宣传。农业部199号公告公布了18种农药禁止在一切农作物上使用，此外还公布了19种农药禁止在蔬菜、果树、中草药、茶叶上使用。322号公告全面禁止甲胺磷等5种高毒有机磷农药在农业上使用。此后又发布了多项公告。之后逐年公布了多项禁令，逐渐扩大了禁用农药、禁用果蔬品种，但往往容易出现在农资市场监管漏洞、种植户钻空子等现象。

（六）消费环节政策措施建议

消费者应掌握一些必要的食品安全常识。消费者应进行自我保护：食物多样化；购买品牌食品，选择正规途径购买，消费者维权不难。正规渠道、大型超市、大型企业的食品维权是有途径的。真正维权难的是那些街边食品、地摊、无证餐馆、流动摊贩等，往往出现呕吐、腹泻等食物中毒后大部分人忍气吞声，自认倒霉。此外，应继续推进农产品销售市场化，促进农产品定点销售，管好源头也管好市场。

（七）加强风险交流，遏制媒体的不实报道

风险交流既是保护消费者，也是保护真正优秀的食品企业。引导消费者理性消费，避免因为偶然的农产品质量安全事故而引发对农产品安全消费的恐慌，特别是专业文化知识受限的人群。夸大虚假的新闻在各个行业普遍存在，与食品安全挂钩便能吸引眼球。某些记者的食品安全知识贫乏，一个不负责任的报道往往便对某一个农产品行业、一个农产品加工企业造成致命的打击。食品安全问题发生在大企业身上一定是灾难性的后果。在加强监管、加大执法力度的同时也要保护真正优秀的食品企业。人民群众的是非观本应被正确地引导，可喜的是国家逐渐采取了一些有效的措施并取得了初步的成效。历年来政府新闻媒体为各种不实报道进行澄清等发挥了积极的作用，别有用心、断章取义的新闻制造者和传播者也受到了严厉的惩罚。

五、果蔬原料潜在的主要安全问题

微生物导致的食源性疾病是果蔬问题之一。国内外均出现过果蔬导致的食源性疾病，如黄瓜带大肠菌群、草莓携带诺如病毒而导致的中毒等。而我们接收到的数据还往往低于实际数据（图 2－1）。

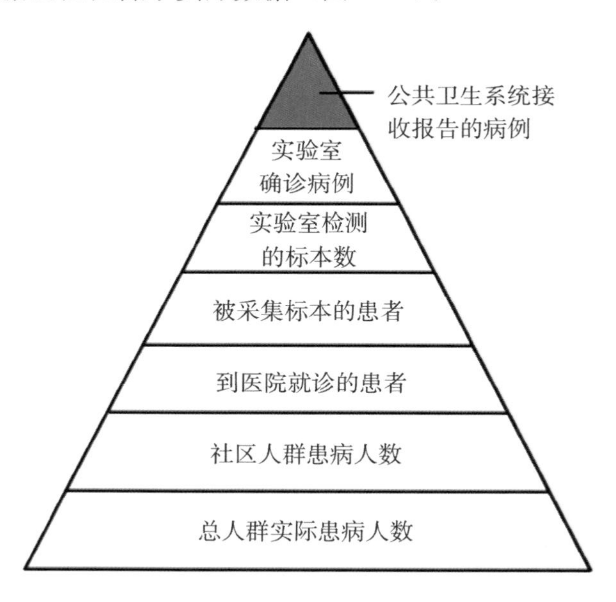

图 2－1　疾病负担金字塔

其次，果蔬原料的安全问题还有化学污染物、放射污染物、以及食品容器包装材料等迁移污染，以及食品本身所含及生产加工产生的有害物，新资源、转基因、辐照等新原料新技术的担忧，掺杂使假、假冒伪劣的隐患，食品添加剂滥用，添加有害的非食用物质等。其中化学污染主要有农药残留、兽药残留、持久性有机污染物、农药杀虫剂、重金属等。

第二节　农产品质量安全法律法规

一、相关法律法规

农产品质量安全管理方面的法律法规包括产地环境、生产过程控制、农业投入品、终端产品管理等方面，如《中华人民共和国环境保护法》《中华人民共和国农业技术推广法》《中华人民共和国农药管理条例》《兽药管理条例》《饲料和饲料添加剂管理条例》《中华人民共和国农产品质量安全法》《中华人民共和国食品安全法》《绿色食品标志管理办法》等。

二、《中华人民共和国农产品质量安全法》简介

《中华人民共和国农产品质量安全法》（以下简称《农产品质量安全法》）于 2006 年 4 月 29 日第十届全国人民代表大会第二十一次会议通过。2021 年 9 月 1 日，国务院常务会议通过《中华人民共和国农产品质量安全法（修订草案）》。其内容包括第一章总则（10 条）、第二章农产品质量安全标准（4 条）、第三章农产品产地（5 条）、第四章农产品生产（8 条）、第五章农产品包装和标识（5 条）、第六章监督检查（10 条）、第七章法律责任（12 条）、第八章附则（2 条）。农业初级产品适用该法规，农业初级产品共计 11 类，包含瓜、果、蔬菜。瓜、果、蔬菜是指自然生长和人工培植的瓜、果、蔬菜，包括农业生产者利用自己种植、采摘的产品进行连续简单加工的瓜、果干品和腌渍品（以瓜、果、蔬菜为原料的蜜饯除外）。

三、农药限用相关规定

《农产品质量安全法》第二十五条规定农产品生产者应当按照法律、行政法规和国务院农业行政主管部门的规定，合理使用农业投入品，严格执行农业投入品使用安全间隔期或者休药期的规定，防止危及农产品质量安全。

关于农药品种的规定：禁止在农产品生产过程中使用国家明令禁止使用的农业投入品。关于农药使用范围的规定：任何农药产品都不得超出农药登

记批准的使用范围使用。政府公布了一系列文件禁止或限制农药的使用。

农业部199号公告公布了18种农药禁止在一切农作物上使用。此外，还公布了19种农药不得使用和限制使用在蔬菜、果树、中草药、茶叶上：甲胺磷（methamidophos）、甲基对硫磷（parathion-methyl）、对硫磷（parathion），久效磷（monocrotophos）、磷胺（phosphamidon）、甲拌磷（phorate）、甲基异柳磷（isofenphos-methyl）、特丁硫磷（terbufos）、甲基硫环磷（phosfolan-methyl）、治螟磷（sulfotep）、内吸磷（demeton）、克百威（carbofuran）、涕灭威（aldicarb）、灭线磷（ethoprophos）、硫环磷（phosfolan）、蝇毒磷（coumaphos）、地虫硫磷（fonofos）、氯唑磷（isazofos）、苯线磷（fenamiphos）。2种不得用于茶树上的农药为三氯杀螨醇（dicofol）、氰戊菊酯（fenvalerate），11种农药在后续的公告中被所有农作物禁用。

农业部322号公告全面禁止甲胺磷等5种高毒有机磷农药在农业上使用。

农农发〔2010〕2号公布了23种禁用农药和19种限制使用农药及茶树禁用农药。

农业部第1586号公告禁止10种农药使用于农作物。包括苯线磷、地虫硫磷、甲基硫环磷、磷化钙、磷化镁、磷化锌、硫线磷、蝇毒磷、治螟磷、特丁硫磷，停止对其生产、销售和使用。

农业部第2032号公告禁止氯磺隆、胺苯磺隆、甲磺隆、福美胂、福美甲胂5种农药在农业上使用。2种农药禁止在蔬菜上使用：毒死蜱、三唑磷（2016）。

农业部公告第2445号禁止三氯杀螨醇类农药使用，不再受理、批准，仅限母药境外使用的为2种：2,4-滴丁酯、百草枯。水稻禁用1种：氟苯虫酰胺。甘蔗禁用3种：克百威、甲拌磷、甲基异柳磷。需双层包装1种：磷化铝。

农业部公告第2552号禁止用于蔬菜、瓜果、茶叶、菌类和中草药材作物的农药有：乙酰甲胺磷、丁硫克百威、乐果。至此全面禁止43种农药在农业上销售、使用。

截至2021年12月禁止或限制使用的农药如表2-1。

表 2-1 禁止或限制使用的农药

禁用范围	农药种类	公告	发布日期
任何农作物禁用农药	18 种：六六六（HCH）、滴滴涕（DDT）、毒杀芬（camphechlor）、二溴氯丙烷（dibromochloropane）、杀虫脒（chlordimeform）、二溴乙烷（EDB）、除草醚（nitrofen）、艾氏剂（aldrin）、狄氏剂（dieldrin）、汞制剂（mercurycompounds）、砷（arsena）、铅（acetate）类、敌枯双、氟乙酰胺（fluoroacetamide）、甘氟（gliftor）、毒鼠强（tetramine），氟乙酸钠（sodiumfluoroacetate）、毒鼠硅（silatrane）	农业部公告第 199 号	2002 年 6 月
	5 种：甲胺磷、对硫磷、甲基对硫磷、久效磷和磷胺	农业部公告第 322 号	2003 年 12 月
	10 种：苯线磷、地虫硫磷、甲基硫环磷、磷化钙、磷化镁、磷化锌、硫线磷、蝇毒磷、治螟磷、特丁硫磷	农业部公告第 1586 号	2011 年 6 月
	1 类：含氟虫腈成分的农药	农业部、工业和信息化部、环境保护部公告第 1157 号	2009 年 2 月
	5 种：氯磺隆、胺苯磺隆、甲磺隆、福美胂、福美甲胂	农业部公告第 2032 号	2013 年 12 月
	1 类：三氯杀螨醇（2018）	农业部公告第 2445 号	2016 年 9 月
	2 种：含硫丹产品、含溴甲烷产品	农业部公告第 2552 号	2017 年 7 月
	1 种：含氟虫胺农药（2020）	农业农村部公告第 148 号	2019 年 3 月

续表 1

禁用范围	农药种类	公告	发布日期
蔬菜禁用农药	8 种：甲拌磷（phorate）、甲基异柳磷（isofenphos-methyl）、内吸磷（demeton）、克百威（carbofuran）、涕灭威（aldicarb）、灭线磷（ethoprophos）、硫环磷（phosfolan）、氯唑磷（isazofos）	农业部公告第 199 号	2002 年 6 月
	毒死蜱、三唑磷（2016）	农业部公告第 2032 号	2013 年 12 月
	灭多威（十字花科蔬菜）、硫线磷（黄瓜）、溴甲烷（黄瓜）	农业部公告第 1586 号	2011 年 6 月
	乙酰甲胺磷、丁硫克百威、乐果	农业部公告第 2552 号	2017 年 7 月
	氧乐果（甘蓝）	农业部公告第 194 号 农业部农农发〔2010〕2 号	2002 年 4 月 2010 年 4 月
果树禁用农药	8 种：甲拌磷、甲基异柳磷、内吸磷、克百威、涕灭威、灭线磷、硫环磷、氯唑磷	农业部公告第 199 号 农业部公告第 194 号	2002 年 6 月 2002 年 4 月
	特丁硫磷（甘蔗）	农业部公告第 194 号	2002 年 4 月
	氧乐果（柑橘树）、水胺硫磷（柑橘树）、灭多威（柑橘树、苹果树）、硫线磷（柑橘树）、硫丹（苹果树）、溴甲烷（草莓）	农业部公告第 1586 号	2011 年 6 月
	克百威（甘蔗）、甲拌磷（甘蔗）、甲基异柳磷（甘蔗）	农业部公告第 2445 号	2016 年 9 月
	乙酰甲胺磷、丁硫克百威、乐果	农业部公告第 2552 号	2017 年 7 月

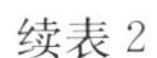
续表 2

禁用范围	农药种类	公告	发布日期
中草药禁用农药	8 种：甲拌磷、甲基异柳磷、内吸磷、克百威、涕灭威、灭线磷、硫环磷、氯唑磷	农业部公告第 199 号	2002 年 6 月
	乙酰甲胺磷、丁硫克百威、乐果	农业部公告第 2552 号	2017 年 7 月
菌类作物禁用农药	乙酰甲胺磷、丁硫克百威、乐果	农业部公告第 2552 号	2017 年 7 月
茶叶、茶树禁用农药	8 种：甲拌磷、甲基异柳磷、内吸磷、克百威、涕灭威、灭线磷、硫环磷、氯唑磷	农业部公告第 199 号	2002 年 6 月
	2 种：三氯杀螨醇（dicofol）（已被全面禁止），氰戊菊酯（fenvalerate）	农业部公告第 199 号	2002 年 6 月
	灭多威、硫丹（已被全面禁止）	农业部公告第 1586 号	2011 年 6 月
	乙酰甲胺磷、丁硫克百威、乐果	农业部公告第 2552 号	2017 年 7 月
水稻禁用农药	氟苯虫酰胺	农业部公告第 2445 号	2016 年 9 月

四、《中华人民共和国食品安全法》简介

《中华人民共和国食品安全法》（以下简称《食品安全法》）2009 年 2 月 28 日第十一届全国人民代表大会常务委员会第七次会议通过，6 月 1 日施行。之前为《中华人民共和国食品卫生法》。2015 年 4 月 24 日第十二届全国人民代表大会常务委员会第十四次会议修订，自 2015 年 10 月 1 日施行，共十章 154 条。2018 年 12 月 29 日第十三届全国人民代表大会常务委员会第七次会议修正。2021 年 4 月 29 日第十三届全国人民代表大会常务委员会第二十八次会议再次修正。

供食用的源于农业的初级产品的质量安全管理，遵守《农产品质量安全法》的规定。但是，食用农产品的市场销售、有关质量安全标准的制定、有关安全信息的公布和《食品安全法》对农业投入品作出规定的，应当遵守《食品安全法》的规定。

《食品安全法》（第四十九条）禁止剧毒高毒农药用于果蔬茶叶。在农药管理上，新版《食品安全法》规定：国家对农药的使用实行严格的管理制度，加快淘汰剧毒、高毒农药，高残留农药，推动替代产品的研发和运用，鼓励使用高效、低毒，低残留农药。增加了：禁止将剧毒、高毒农药用于蔬菜、瓜果、茶叶和中草药材等国家规定的农作物的规定。体现了我国对剧毒、高毒农药严厉监管的决心。

《最高人民法院、最高人民检察院关于办理危害食品安全刑事案件适用法律若干问题的解释》（以下简称《解释》）已于 2013 年 4 月 28 日由最高人民法院审判委员会第 1576 次会议、2013 年 4 月 28 日最高人民检察院第十二届检察委员会第 5 次会议通过，自 2013 年 5 月 4 日起施行。

《食品安全法》案例分析：被告人在店内非法使用国家禁止使用的非食品原料罂粟制作卤肉食品并出售牟利。被公安局查获。该怎样定罪？处罚额度多少？

依《解释》第二十条，《食品中可能违法添加的非食用物质名单》可查询到罂粟。依《刑法》第 144 条，按生产、销售有毒、有害食品罪定罪处罚。依《解释》第 17 条处罚金。依《解释》第 18 条禁止其在缓刑考验期限内从事食品生产、销售及相关活动。

第三节　果蔬产品标准

将果蔬进行初级加工应符合《农产品质量安全法》，进行深加工，应符合《食品安全法》。相关产品应符合食品产品标准，进行生产时应遵循食品生产通用标准、生产经营规范标准。使用食品添加剂应符合食品添加剂使用标准，下面将果蔬相关标准进行分类归纳。

与果蔬产品生产与经营密切相关的标准，包括食品安全国家标准，截至 2021 年 9 月该类标准共 1294 项，一为通用标准（13 项）、二为食品产品标准（70 项）、三为营养和特殊膳食食品标准（10 项）、四为食品添加剂质量规格标准（646 项）、五为食品营养强化剂质量规格标准（53 项）、六为食品相关产品标准（15 项）、七为生产经营规范标准（34 项）、八为理化检验方法与规则标准（234 项）、九为微生物检验方法与规则标准（32 项）、十为毒理学检验方法及规则标准（29 项）、十一为农药残留检测方法标准（120 项）、十二为兽药残留检测方法标准（38 项）。其他标准如检测相关通用标准、食品安全地方标准（截至 2022 年 1 月现行有效标准 338 项）、食品加工小作坊相关规范与标准、各省地方标准等。

一、通用标准

通用标准（13 项）包含食品中污染物限量、食品添加剂使用标准等，与果蔬相关的部分标准如表 2-2。

表 2-2　部分通用标准

标准名称	标准号
《食品安全国家标准　食品中真菌毒素限量》	GB 2761—2017
《食品安全国家标准　食品中污染物限量》	GB 2762—2017
《食品安全国家标准　食品中农药最大残留限量》	GB 2763—2021
《食品安全国家标准　散装即食食品中致病菌限量》	GB 31607—2021
《食品安全国家标准　食品中致病菌限量》	GB 29921—2013
《食品安全国家标准　食品添加剂使用标准》	GB 2760—2014
《食品安全国家标准　食品接触材料及制品用添加剂使用标准》	GB 9685—2016
《食品安全国家标准　食品营养强化剂使用标准》	GB 14880—2012
《食品安全国家标准　预包装食品标签通则》	GB 7718—2011
《食品安全国家标准　预包装食品营养标签通则》	GB 28050—2011
《食品安全国家标准　预包装特殊膳食用食品标签》	GB 13432—2013
《食品安全国家标准　食品添加剂标识通则》	GB 29924—2013

二、食品产品标准

产品标准（70 项）包含各类食品，与果蔬相关的部分标准如表 2-3。

表 2-3　部分食品产品标准

标准名称	标准号
《食品安全国家标准　蜂蜜》	GB 14963—2011

续表 1

标准名称	标准号
《食品安全国家标准　蒸馏酒及其配制酒》	GB 2757—2012
《食品安全国家标准　发酵酒及其配制酒》	GB 2758—2012
《食品安全国家标准　酿造酱》	GB 2718—2014
《食品安全国家标　准食用菌及其制品》	GB 7096—2014
《食品安全国家标准　食糖》	GB 13104—2014
《食品安全国家标准　保健食品》	GB 16740—2014
《食品安全国家标准　膨化食品》	GB 17401—2014
《食品安全国家标准　坚果与籽类食品》	GB 19300—2014
《食品安全国家标准　淀粉制品》	GB 2713—2015
《食品安全国家标准　酱腌菜》	GB 2714—2015
《食品安全国家标准　冷冻饮品和制作料》	GB 2759—2015
《食品安全国家标准　罐头食品》	GB 7098—2015
《食品安全国家标准　饮料》	GB 7101—2015
《食品安全国家标准　食品工业用浓缩液（汁、浆）》	GB 17325—2015
《食品安全国家标准　果冻》	GB 19299—2015
《食品安全国家标准　食用植物油料》	GB 19641—2015
《食品安全国家标准　蜜饯》	GB 14884—2016
《食品安全国家标准　食品加工用粕类》	GB 14932—2016
《食品安全国家标准　糖果》	GB 17399—2016
《食品安全国家标准　冲调谷物制品》	GB 19640—2016
《食品安全国家标准　藻类及其制品》	GB 19643—2016
《食品安全国家标准　食品加工用植物蛋白》	GB 20371—2016
《食品安全国家标准　花粉》	GB 31636—2016
《食品安全国家标准　食用淀粉》	GB 31637—2016

续表2

标准名称	标准号
《食品安全国家标准　酪蛋白》	GB 31638—2016
《食品安全国家标准　食用酒精》	GB 31640—2016
《食品安全国家标准　饮用天然矿泉水》	GB 8537—2018
《食品安全国家标准　复合调味料》	GB 31644—2018
《食品安全国家标准　乳糖》	GB 25595—2018

三、特殊膳食食品标准

与特殊膳食食品相关的部分标准如表2－4。

表2－4　特殊膳食食品标准（10项）

标准名称	标准号
《食品安全国家标准　婴儿配方食品》	GB 10765—2021
《食品安全国家标准　较大婴儿配方食品》	GB 10766—2021
《食品安全国家标准　幼儿配方食品》	GB 10767—2021
《食品安全国家标准　婴幼儿谷类辅助食品》	GB 10769—2010
《食品安全国家标准　婴幼儿罐装辅助食品》	GB 10770—2010
《食品安全国家标准　特殊医学用途婴儿配方食品通则》	GB 25596—2010
《食品安全国家标准　特殊医学用途配方食品通则》	GB 29922—2013
《食品安全国家标准　辅食营养补充品》	GB 22570—2014
《食品安全国家标准　运动营养食品通则》	GB 24154—2015
《食品安全国家标准　孕妇及乳母营养补充食品》	GB 31601—2015

四、食品添加剂质量规格标准

食品添加剂质量规格标准共计646项，与果蔬相关的部分标准见表2－5。

表 2－5　部分食品添加剂质量规格标准

标准名称	标准号
《食品安全国家标准　复配食品添加剂通则》	GB 26687—2011
《食品安全国家标准　食品添加剂　天然苋菜红》	GB 1886.110—2015
《食品安全国家标准　食品添加剂　迷迭香提取物》	GB 1886.172—2016
《食品安全国家标准　食品添加剂　柚苷（柚皮苷提取物）》	GB 1886.262—2016
《食品安全国家标准　食品添加剂　柑橘黄》	GB 1886.346—2021
《食品安全国家标准　食品添加剂　苋菜红》	GB 4479.1—2010
《食品安全国家标准　食品添加剂　柠檬黄》	GB 4481.1—2010
《食品安全国家标准　食品添加剂　甜菊糖苷》	GB 8270—2014
《食品安全国家标准　食品添加剂　β-胡萝卜素》	GB8821—2011
《食品安全国家标准　食品添加剂　维生素 C（抗坏血酸）》	GB 14754—2010
《食品安全国家标准　食品添加剂　红米红》	GB 25534—2010
《食品安全国家标准　食品添加剂　萝卜红》	GB 25536—2010
《食品安全国家标准　食品添加剂　天然胡萝卜素》	GB 31624—2014

五、食品营养强化剂质量规格标准

食品营养强化剂质量规格标准 53 项，与果蔬产品相关的部分标准如表 2－6。

表 2－6　部分食品营养强化剂质量规格标准

标准名称	标准号
《食品安全国家标准　食品营养强化剂　5′-尿苷酸二钠》	GB 1886.82—2015
《食品安全国家标准　食品营养强化剂　硒化卡拉胶》	GB 1903.23—2016
⋮	⋮
《食品安全国家标准　食品营养强化剂　碘化钠》	GB 1903.51—2020

六、食品相关产品标准（表 2－7）

表 2－7　部分食品相关产品标准

标准名称	标准号
《食品安全国家标准　洗涤剂》	GB 14930.1—2015
《食品安全国家标准　消毒剂》	GB 14930.2—2012
《食品安全国家标准　食品接触材料及制品迁移试验通则》	GB 31604.1—2015
《食品安全国家标准　食品接触材料及制品通用安全要求》	GB 4806.1—2016
《食品安全国家标准　搪瓷制品》	GB 4806.3—2016
《食品安全国家标准　陶瓷制品》	GB 4806.4—2016
《食品安全国家标准　玻璃制品》	GB 4806.5—2016
《食品安全国家标准　食品接触用塑料树脂》	GB 4806.6—2016
《食品安全国家标准　食品接触用塑料材料及制品》	GB 4806.7—2016
《食品安全国家标准　食品接触用纸和纸板材料及制品》	GB 4806.8—2016
《食品安全国家标准　食品接触用金属材料及制品》	GB 4806.9—2016
《食品安全国家标准　食品接触用涂料及涂层》	GB 4806.10—2016
《食品安全国家标准　食品接触用橡胶材料及制品》	GB 4806.11—2016
《食品安全国家标准　消毒餐（饮）具》	GB 14934—2016

七、生产经营规范标准（表 2－8）

表 2－8　部分生产经营规范标准

标准名称	标准号
《食品安全国家标准　食品生产通用卫生规范》	GB 14881—2013
《食品安全国家标准　食品经营过程卫生规范》	GB 31621—2014
《食品安全国家标准　粉状婴幼儿配方食品良好生产规范》	GB 23790—2010
《食品安全国家标准　特殊医学用途配方食品良好生产规范》	GB 29923—2013
《食品安全国家标准　食品接触材料及制品生产通用卫生规范》	GB 31603—2015

续表

标准名称	标准号
《食品安全国家标准　罐头食品生产卫生规范》	GB 8950—2016
《食品安全国家标准　蒸馏酒及其配制酒生产卫生规范》	GB 8951—2016
《食品安全国家标准　蜜饯生产卫生规范》	GB 8956—2016
《食品安全国家标准　糕点、面包卫生规范》	GB 8957—2016
《食品安全国家标准　饮料生产卫生规范》	GB 12695—2016
《食品安全国家标准　糖果巧克力生产卫生规范》	GB 17403—2016
《食品安全国家标准　膨化食品生产卫生规范》	GB 17404—2016
《食品安全国家标准　食品辐照加工卫生规范》	GB 18524—2016
《食品安全国家标准　发酵酒及其配制酒生产卫生规范》	GB 12696—2016
《食品安全国家标准　食品冷链物流卫生规范》	GB 31605—2020
《食品安全国家标准　航空食品卫生规范》	GB 31641—2016
《食品安全国家标准　速冻食品生产和经营卫生规范》	GB 31646—2018
《食品安全国家标准　食品添加剂生产通用卫生规范》	GB 31647—2018
《食品安全国家标准　食品中黄曲霉毒素污染控制规范》	GB 31653—2021
《食品安全国家标准　餐（饮）具集中消毒卫生规范》	GB 31651—2021
《食品安全国家标准　即食鲜切果蔬加工卫生规范》	GB 31652—2021
《食品安全国家标准　餐饮服务通用卫生规范》	GB 31654—2021

八、理化检验方法与规则标准（表 2－9）

表 2－9　部分理化检验方法与规则标准

标准名称	标准号
《食品安全国家标准　食品相对密度的测定》	GB 5009.2—2016
《食品安全国家标准　食品中水分的测定》	GB 5009.3—2016
《食品安全国家标准　食品中灰分的测定》	GB 5009.4—2016

续表 1

标准名称	标准号
《食品安全国家标准 食品中蛋白质的测定》	GB 5009.5—2016
《食品安全国家标准 食品中脂肪的测定》	GB 5009.6—2016
《食品安全国家标准 食品中还原糖的测定》	GB 5009.7—2016
《食品安全国家标准 食品中果糖、葡萄糖、蔗糖、麦芽糖、乳糖的测定》	GB 5009.8—2016
《食品安全国家标准 食品中淀粉的测定》	GB 5009.9—2016
《食品安全国家标准 食品中总砷及无机砷的测定》	GB 5009.11—2014
《食品安全国家标准 食品中铅的测定》	GB 5009.12—2017
《食品安全国家标准 食品中铜的测定》	GB 5009.13—2017
《食品安全国家标准 食品中锌的测定》	GB 5009.14—2017
《食品安全国家标准 食品中镉的测定》	GB 5009.15—2014
《食品安全国家标准 食品中锡的测定》	GB 5009.16—2014
《食品安全国家标准 食品中总汞及有机汞的测定》	GB 5009.17—2014
《食品安全国家标准 食品中黄曲霉毒素 B 族和 G 族的测定》	GB 5009.22—2016
《食品安全国家标准 食品中黄曲霉毒素 M 族的测定》	GB 5009.24—2016
《食品安全国家标准 食品中杂色曲霉素的测定》	GB 5009.25—2016
《食品安全国家标准 食品中 N-亚硝胺类化合物的测定》	GB 5009.26—2016
《食品安全国家标准 食品中苯并（a）芘的测定》	GB 5009.27—2016
《食品安全国家标准 食品中苯甲酸、山梨酸和糖精钠的测定》	GB 5009.28—2016
《食品安全国家标准 食品中对羟基苯甲酸酯类的测定》	GB 5009.31—2016
《食品安全国家标准 食品中 9 种抗氧化剂的测定》	GB 5009.32—2016
《食品安全国家标准 食品中亚硝酸盐与硝酸盐的测定》	GB 5009.33—2016
《食品安全国家标准 食品中二氧化硫的测定》	GB 5009.34—2016
《食品安全国家标准 食品中合成着色剂的测定》	GB 5009.35—2016
《食品安全国家标准 食品中氰化物的测定》	GB 5009.36—2016

续表 2

标准名称	标准号
《食品安全国家标准　食品中维生素 A、维生素 D、维生素 E 的测定》	GB 5009.82—2016
《食品安全国家标准　食品中胡萝卜素的测定》	GB 5009.83—2016
《食品安全国家标准　食品中维生素 B_1 的测定》	GB 5009.84—2016
《食品安全国家标准　食品中维生素 B_2 的测定》	GB 5009.85—2016
《食品安全国家标准　食品中抗坏血酸的测定》	GB 5009.86—2016
《食品安全国家标准　食品中磷的测定》	GB 5009.87—2016
《食品安全国家标准　食品中膳食纤维的测定》	GB 5009.88—2014
《食品安全国家标准　食品中烟酸和烟酰胺的测定》	GB 5009.89—2016
《食品安全国家标准　食品中铁的测定》	GB 5009.90—2016
《食品安全国家标准　食品中钾、钠的测定》	GB5009.91—2017
《食品安全国家标准　食品中钙的测定》	GB 5009.92—2016
《食品安全国家标准　食品中硒的测定》	GB 5009.93—2017
《食品安全国家标准　食品中环己基氨基磺酸钠的测定》	GB 5009.97—2016
《食品安全国家标准　饮料中咖啡因的测定》	GB 5009.139—2014
《食品安全国家标准　食品中诱惑红的测定》	GB 5009.141—2016
《食品安全国家标准　食品中栀子黄的测定》	GB 5009.149—2016
《食品安全国家标准　食品中红曲色素的测定》	GB 5009.150—2016
《食品安全国家标准　食品中植酸的测定》	GB 5009.153—2016
《食品安全国家标准　食品有机酸的测定》	GB 5009.157—2016
《食品安全国家标准　食品中维生素 K_1 的测定》	GB 5009.158—2016
《食品安全国家标准　食品中玉米赤霉烯酮的测定》	GB 5009.209—2016
《食品安全国家标准　食品中泛酸的测定》	GB 5009.210—2016
《食品安全国家标准　食品中叶酸的测定》	GB 5009.211—2014
《食品安全国家标准　食品中橘青霉素的测定》	GB 5009.222—2016

续表 3

标准名称	标准号
《食品安全国家标准　食品中羰基价的测定》	GB 5009.230—2016
《食品安全国家标准　水果、蔬菜及其制品中甲酸的测定》	GB 5009.232—2016
《食品安全国家标准　食醋中游离矿酸的测定》	GB 5009.233—2016
《食品安全国家标准　食品中铵盐的测定》	GB 5009.234—2016
《食品安全国家标准　食品中氨基酸态氮的测定》	GB 5009.235—2016
《食品安全国家标准　食品 pH 值的测定》	GB 5009.237—2016
《食品安全国家标准　食品水分活度的测定》	GB 5009.238—2016
《食品安全国家标准　食品酸度的测定》	GB 5009.239—2016
《食品安全国家标准　食品中纽甜的测定》	GB 5009.247—2016
《食品安全国家标准　食品中叶黄素的测定》	GB 5009.248—2016
《食品安全国家标准　食品中果聚糖的测定》	GB 5009.255—2016
《食品安全国家标准　食品中叶绿素铜钠的测定》	GB 5009.260—2016
《食品安全国家标准　食品中阿斯巴甜和阿力甜的测定》	GB 5009.263—2016
⋮	⋮
《食品安全国家标准　食品中三氯蔗糖（蔗糖素）的测定》	GB 22255—2014

九、微生物检验方法与规则标准（表 2－10）

表 2－10　部分微生物检验方法与规则标准

标准名称	标准号
《食品安全国家标准　食品微生物学检验　总则》	GB 4789.1—2016
《食品安全国家标准　食品微生物学检验　菌落总数测定》	GB 4789.2—2016
《食品安全国家标准　食品微生物学检验　大肠菌群计数》	GB 4789.3—2016
《食品安全国家标准　食品微生物学检验　沙门菌检验》	GB 4789.4—2016
《食品安全国家标准　食品微生物学检验　志贺菌检验》	GB 4789.5—2012

续表

标准名称	标准号
《食品安全国家标准　食品微生物学检验　致泻大肠埃希菌检验》	GB 4789.6—2016
《食品安全国家标准　食品微生物学检验　金黄色葡萄球菌检验》	GB 4789.10—2016
《食品安全国家标准　食品微生物学检验　肉毒梭菌及肉毒毒素检验》	GB 4789.12—2016
《食品安全国家标准　食品微生物学检验　商业无菌检验》	GB 4789.26—2013
《食品安全国家标准　食品微生物学检验　沙门菌、志贺菌和致泻大肠埃希菌的肠杆菌科噬菌体诊断检验》	GB 4789.31—2013
《食品安全国家标准　食品微生物学检验　大肠埃希菌 O157：H7/NM 检验》	GB 4789.36—2016
《食品安全国家标准　食品微生物学检验　大肠埃希菌计数》	GB 4789.38—2012
《食品安全国家标准　食品微生物学检验　粪大肠菌群计数》	GB 4789.39—2013
《食品安全国家标准　食品微生物学检验　肠杆菌科检验》	GB 4789.41—2016
⋮	⋮
《食品安全国家标准　食品微生物学检验　诺如病毒检验》	GB 4789.42—2016

十、毒理学检验方法及规则标准

毒理学检验方法及规则标准包括 GB 15193.1—2014《食品安全国家标准　食品安全性毒理学评价程序》、GB 15193.2—2014《食品安全国家标准　食品毒理学实验室操作规范》等。

十一、农药残留检测方法标准（表 2－11）

表 2－11　部分农药残留检测方法标准

标准名称	标准号
《食品安全国家标准　蜂蜜、果汁和果酒中 497 种农药及相关化学品残留量的测定　气相色谱-质谱法》	GB 23200.7—2016
《食品安全国家标准　水果和蔬菜中 500 种农药及相关化学品残留量的测定　气相色谱-质谱法》	GB 23200.8—2016

续表

标准名称	标准号
《食品安全国家标准　果蔬汁和果酒中 512 种农药及相关化学品残留量的测定　液相色谱-质谱法》	GB 23200.14—2016
《食品安全国家标准　食用菌中 503 种农药及相关化学品残留量的测定　气相色谱-质谱法》	GB 23200.15—2016
《食品安全国家标准　水果和蔬菜中乙烯利残留量的测定　液相色谱法》	GB 23200.16—2016
《食品安全国家标准　水果和蔬菜中噻菌灵残留量的测定　液相色谱法》	GB 23200.17—2016
《食品安全国家标准　蔬菜中非草隆等 15 种取代脲类除草剂残留量的测定　液相色谱法》	GB 23200.18—2016
《食品安全国家标准　水果和蔬菜中阿维菌素残留量的测定　液相色谱法》	GB 23200.19—2016
《食品安全国家标准　水果中赤霉酸残留量的测定　液相色谱-质谱/质谱法》	GB 23200.21—2016
《食品安全国家标准　水果中噁草酮残留量的检测方法》	GB 23200.25—2016
《食品安全国家标准　水果中 4，6 -二硝基邻甲酚残留量的测定　气相色谱-质谱法》	GB 23200.27—2016
《食品安全国家标准　水果和蔬菜中唑螨酯残留量的测定　液相色谱法》	GB 23200.29—2016
《食品安全国家标准　食品中有机磷农药残留量的测定　气相色谱-质谱法》	GB 23200.93—2016
⋮	⋮
《食品安全国家标准　植物源性食品中 331 种农药及其代谢物残留量的测定　液相色谱法-质谱联用法》	GB 23200.12—2021

十二、兽药残留检测方法标准

兽药残留检测方法标准包括 GB 29681—2013《食品安全国家标准　牛奶中左旋咪唑残留量的测定　高效液相色谱法》等。

十三、检测相关通用检测标准

检测相关通用标准如表 2 - 12，另有地方标准，如 DB3201/T 1051—2021《农产品批发市场快速检测工作规范》等。

表 2 - 12　检测相关通用检测标准

标准名称	标准号
《化学试剂　标准滴定溶液的制备》	GB/T 601—2016
《化学试剂　杂质测定用标准溶液的制备》	GB/T 602—2002
《化学试剂　试验方法中所用制剂及制品的制备》	GB/T 603—2002

十四、食品安全地方标准

截至 2022 年 1 月现行有效的食品安全地方标准有 338 项，与果蔬相关的标准如表 2 - 13。DBS 通常指食品安全地方标准，原由卫生和计划生育委员会发布，后由卫生健康委员会发布，DBS43/ 008—2018 如《食品安全地方标准　湿面生产卫生规范》、DBS43/ 009—2018《食品安全地方标准　气调包装酱卤肉制品生产卫生规范》由湖南省卫生健康委员会发布，2018 年以前的大都为卫生和计划生育委员会发布，DBS43/ 007—2018《食品安全地方标准　米粉生产卫生规范》由湖南省卫生和计划生育委员会 2018 年 4 月 28 日发布。DB 一般是地方标准，由省质量技术监督局发布，后为食品药品监督管理局，之后为市场监督管理局。也有由卫生和计划生育委员会发布的，如 DB33/ 3009—2018《食品安全地方标准　食品小作坊通用卫生规范》由浙江省卫生和计划生育委员会发布。DB 包含各种标准，也有食品安全地方标准和普通食品地方标准，如 DB43/160.7—2009《湘味熟食　果蔬熟食》，原来由湖南省质量技术监督局发布，目前已废止，废止依据为湖南省卫生和计划生育委员会发布的食品安全地方标准清理情况通告，湘卫通〔2016〕19 号。因此，目前可见的 DB 开头的标准有质量技术监督局、食品药品监督管理局发布或市场监督管理局发布的。

表 2－13　部分食品安全地方标准

标准名称	标准号
《食品安全地方标准　餐饮服务单位食品安全管理指导原则》	DB31/ 2015—2013　上海市食品药品监督管理局发布
《食品安全地方标准　连城地瓜干系列产品》	DBS35/ 001—2017
《食品安全地方标准　冻干水果制品》	DBS45/ 049—2018
《食品安全地方标准　桂圆肉》	DBS45/ 008—2013
《食品安全地方标准　花椒油》	DBS51/ 008—2019
《食品安全地方标准　鲜花饼》	DBS53/ 019—2014
《食品安全地方标准　酸菜类调料》	DBS51/ 002—2016
《食品安全地方标准　枸杞果酒》	DBS64/ 515—2016
《食品安全地方标准　食品中甜菊糖苷的测定　高效液相色谱法》	DBS22/ 007—2012
《食品安全地方标准　贵州辣椒面》	DBS52/ 011—2016
《食品安全地方标准　酸菜》	DBS22/ 025—2014
《食品安全地方标准　豆芽生产卫生规范》	DBS61/ 0010—2016
《食品安全地方标准　枸杞白兰地》	DBS64/ 517—2016
《食品安全地方标准　保鲜花椒》	DBS50/ 003—2014
《食品安全地方标准　沙棘果酒》	DBS63/ 0003—2017
《食品安全地方标准　沙棘果醋（饮料）》	DBS63/ 0002—2017
《食品安全地方标准　调味木瓜制品》	DBS45/ 035—2016
《食品安全地方标准　枸杞茶》	DBS64/ 684—2018
《食品安全地方标准　贵州香酥辣椒》	DBS52/ 009—2016
《食品安全地方标准　魔芋制品》	DBS61/ 0020—2019
《食品安全地方标准　贵州辣椒》	DBS52/ 010—2016
《食品安全地方标准　湖北泡藕带》	DBS42/ 009—2016

续表 1

标准名称	标准号
《食品安全地方标准　工业化豆芽生产卫生规范》	DBS12/ 001—2014
《食品安全地方标准　黄皮酱》	DBS45/ 038—2017
《食品安全地方标准　风味橄榄》	DBS45/ 052—2018
《食品安全地方标准　柑橘类水果及其饮料中橘红 2 号的测定　高效液相色谱法》	DBS22/ 017—2013
《食品安全地方标准　贵州素辣椒》	DBS52/ 015—2016
《食品安全地方标准　风味黄瓜皮》	DBS45/ 029—2016
《食品安全地方标准　腌制山黄皮》	DBS45/ 014—2014
《食品安全地方标准　食品工业用冷冻水果浆（汁）》	DBS45/ 059—2019
《食品安全地方标准　黄芪》	DBS62/ 002—2021
《食品安全地方标准　富硒食品硒含量要求》	DBS64/ 007—2021
《食品安全地方标准　白桦树汁发酵酒》	DBS23/ 004—2018
《食品安全地方标准　黑果枸杞》	DBS64/ 006—2021
《食品安全地方标准　现制饮料加工操作规范》	DBS42/ 015—2021
《食品安全地方标准　柑橘类水果及其饮料中柑橘红 2 号的测定　高效液相色谱法》	DBS52/ 041—2019
《食品安全地方标准　橄榄菜》	DBS44/ 014—2019
《食品安全地方标准　苦水玫瑰》	DBS62/ 002—2020
《食品安全地方标准　惠州梅菜》	DBS44/ 015—2019
《食品安全地方标准　枸杞干果中农药残留最大限量》	DBS64/ 005—2021
《食品安全地方标准　独山盐酸菜》	DBS52/ 046—2020
《食品安全地方标准　黑果枸杞中花青素含量的测定》	DBS63/ 0011—2021
《食品安全地方标准　魔芋膳食纤维》	DBS42/ 007—2021
《食品安全地方标准　黑果枸杞》	DBS63/ 0010—2021
《食品安全地方标准　脐橙蒸馏酒生产技术规范》	DBS42/ 013—2021

续表 2

标准名称	标准号
《食品安全地方标准　湖北泡藕带》	DBS42/ 009—2021
《食品安全地方标准　枸杞》	DBS63/ 0005—2021
《食品安全地方标准　白刺果（干果）》	DBS63/ 0001—2020
《食品安全地方标准　青稞酩馏酒》	DBS63/ 0003—2021
《食品安全地方标准　藜麦酒》	DBS63/ 0009—2021
《食品安全地方标准　翅果仁》	DBS14/ 002—2020
《食品安全地方标准　蕨麻（干制品）》	DBS63/ 0001—2021
《食品安全地方标准　淮山全粉》	DBS45/ 055—2018
《食品安全地方标准　工业化豆芽生产卫生规范》	DBS32/ 018—2018
《食品安全地方标准　干制黄芪茎叶》	DBS23/ 007—2019
《食品安全地方标准　干制黄芪花》	DBS23/ 006—2019
《食品安全地方标准　麦冬须根》	DBS51/ 007—2019
《食品安全地方标准　糯米藕》	DBS32/ 017—2018
《食品安全地方标准　南酸枣糕生产卫生规范》	DB36/ 1090—2018
《食品安全地方标准　食品摊贩卫生规范》	DBS52/ 044—2020
《食品安全地方标准　餐饮食品外卖卫生规范》	DBS62/ 006—2020
《食品安全地方标准　葵花盘》	DBS22/ 036—2021
《食品安全地方标准　现制饮料》	DB31/ 2007—2012
⋮	⋮
《食品安全地方标准　食品工业用柑橘囊胞》	DB33/ 3006—2015

十五、湖南省地方标准

湖南省地方标准多是湘菜、果蔬原料种植规范、果蔬原料质量规范等。食品安全标准一般由卫健委发布，其他食品质量标准通常由市场监督管理局发布（表 2 - 14）。

表 2－14　湖南省地方标准

标准名称	标准号
《绿色食品（A级）柑橘罐头加工技术规程》	DB43/T 667—2012 湖南省质量技术监督局发布
《地理标志产品　龙山百合　第1部分：质量要求》	DB43/T 1699.1—2019 湖南省市场监督管理局发布
《有机苗菜　上海青苗生产技术规程》	DB43/T 1624—2019 湖南省市场监督管理局发布
《卷丹百合采收和初加工技术规范》	DB43/T 1578—2019
《复水毛竹笋加工技术规程》	DB43/T 1692—2019
《地理标志产品　祁东黄花菜》	DB43/T 1452—2018
《柰李》	DB43/T 334—2007 湖南省质量技术监督局发布
《绿色食品　干竹笋》	DB43/T 193—2003
《鲜辣椒分级》	DB43/T 495—2009
《无公害蔬菜》	DB43/T 152—2001
《鲜食马铃薯分级》	DB43/T 555—2010
《邵东黄花菜》	DB43/ 253—2005
《靖州杨梅鲜果》	DB43/T 238—2014
《辣椒烘烤干制技术规程》	DB43/T 1245—2016 湖南省质量技术监督局发布
《无核大红甜橙》	DB43/T 239—2004
⋮	⋮
《湘阴藠头》	DB43/ 312—2006

十六、食品小作坊卫生规范

与果蔬加工相关的部分标准见表 2－15。

表 2－15　食品小作坊卫生规范

标准名称	标准号
《食品生产加工小作坊质量安全控制基本要求》	GB/T 23734—2009
《食品安全地方标准　食品生产加工小作坊卫生规范》	DB31/ 2019—2013
《食品安全地方标准　食品小作坊通用卫生规范》	DB33/ 3009—2018
《食品安全地方标准　食品生产加工小作坊卫生规范》	DBS53/ 028—2018
《食品安全地方标准　食品小作坊卫生规范》	DBS32/ 013—2017
《食品安全地方标准　食品小作坊卫生规范》	DBS61/ 0021—2020
《食品安全地方标准　米豆腐、豌豆凉粉加工小作坊卫生规范》	DBS52/ 040—2019
《食品安全地方标准　食品生产加工小作坊卫生规范》	DBS52/ 043—2020
《食品安全地方标准　食品小作坊通用卫生规范》	DBS41/ 012—2020
《食品安全地方标准　食品小作坊卫生规范》	DBS34/ 003—2021
《食品安全地方标准　食品生产加工小作坊通用卫生规范》	DBS50/ 029—2020
《食品安全地方标准　糕点小作坊生产卫生规范》	DBS23/ 015—2021
《食品小作坊生产加工规范》	DB37/T 3841—2019
《食品安全地方标准　天津市地方特色食品生产加工小作坊食品安全控制基本要求》	DBS12/ 002—2018
《食品小作坊生产加工通用卫生规范》	DB45/T 2157—2020
《食品小作坊示范点评价规范》	DB36/T 1281—2020
《食品小作坊质量安全卫生基本条件》	DB3401/T 22—2007
《南海食品小作坊集中管理　小作坊产品追溯系统基本要求》	T/NHSP 3—2019

第三章　果蔬加工用添加剂

食品添加剂是指为了改善食品的色香味和品质，以及防腐和加工工艺的需要而加入食品中的化学合成物质或天然的物质。2017年国家食品安全风险评估中心（CSFA）对新版《食品安全国家标准　食品添加剂使用标准》公开征求意见（以下简称《意见稿》），修改食品添加剂的定义，指出食品用香料、胶基糖果中基础及物质、食品工业用加工助剂、营养强化剂也包括在内。我国食用食品添加剂的历史源远流长，如古代人民就利用石膏制作豆腐，石膏的成分硫酸钙其本质就是一种稳定剂和凝固剂。食品添加剂为现代食品加工业做出了巨大的贡献；提供了丰富的食品种类，而且保质期长、口感好、品质优良、营养价值高。能满足各类人群对食品的不同需求。但必须依法依规正确使用，以保证产品的食用安全。

第一节　食品添加剂概述

一、添加剂的种类

食品添加剂共计23类。GB2760在1996版、2011版均为23种，E1. 酸度调节剂、E2. 抗结剂（$MgCO_3$）、E3. 消泡剂（硅油）、E4. 抗氧化剂、E5. 漂白剂、E6. 膨松剂、E7. 胶基糖果中基础剂物质、E8. 着色剂、E9. 护色剂、E10. 乳化剂、E11. 酶制剂、E12. 增味剂、E14. 被膜剂、E15. 水分保持剂、E16. 营养强化剂、E17. 防腐剂、E18. 稳定剂和凝固剂$MgCl_2$、E19. 甜味剂、E20. 增稠剂、E21. 食品用香料。E22. 食品工业用加工助剂，有助于食品加工能顺利进行的各种物质，与食品本身无关，如氢氧化钠。E23. 其他，上述功能类别中不能涵盖的其他功能，如高锰酸钾。

在2014版本将营养强化剂移出，由GB14880单独进行规定。原添加剂改为22种，相应的编号也有所变化。D1. 酸度调节剂、D2. 抗结剂（$MgCO_3$）、D3. 消泡剂（硅油）、D4. 抗氧化剂、D5. 漂白剂、D6. 膨松剂、D7. 胶基糖果中基础剂物质、D8. 着色剂、D9. 护色剂、D10. 乳化剂、D11. 酶制剂、D12. 增味剂、D14. 被膜剂、D15. 水分保持剂、D16. 防腐剂、D17. 稳定剂和凝固剂 $MgCl_2$、D18. 甜味剂、D19. 增稠剂、D20. 食品用香料。D21. 食品工业用加工助剂有助于食品加工能顺利进行的各种物质，与食品本身无关，如活性炭。D22. 其他。但《意见稿》将营养强化剂再次列入。

根据 GB7718—2011《预包装食品标签通则》，营养强化剂可在食品添加剂项外标注。

二、添加剂使用要求

根据 GB2760—2014《食品安全国家标准　食品添加剂使用标准》，添加剂使用注意事项如下：①不能超量使用。②不能超范围使用。③使用食品级添加剂。④不应对人体产生任何健康危害。⑤不应掩盖食品腐败变质。⑥不应掩盖食品本身或加工过程中的质量缺陷或以掺杂、掺假、伪造为目的而使用食品添加剂。⑦不应降低食品本身的营养价值。⑧在达到预期效果的前提下尽可能降低在食品中的使用量。

在下列情况下可使用食品添加剂：①保持或提高食品本身的营养价值。②作为某些特殊膳食用食品的必要配料或成分。③提高食品的质量和稳定性，改进其感官特性。④便于食品的生产、加工、包装、运输或者贮藏。

第二节　果蔬加工中常用的添加剂

一、防腐剂

防腐剂是能够抑制微生物的生长或杀死微生物的一类添加剂。

使用防腐剂应注意：①尽量减少原料中的染菌数，已经腐败的食品加防腐剂没有作用。②适当增加食品的酸度，防腐效果好。③可与物理方法并用，杀菌前添加可以减少杀菌时间。④分布均匀。⑤根据食品中的微生物种类选择合适的防腐剂。如肉制品防腐不宜加山梨酸钾，而使用 $NaNO_2$。⑥食品添加剂可混配使用。一种食品可能含有几种微生物，这时最好使用同一类型的不同防腐剂，如苯甲酸钠加山梨酸钾。一种添加剂的作用是有限的，对微生物的抑制作用会有漏洞，类似栅栏，混合使用可发挥栅栏效应。

GB2760 列出了果蔬类产品能用的添加剂种类及限量（表 3－1），如苯甲酸钠、山梨酸钾的限量标准：果酱（$\leqslant$1g/kg）、蜜饯凉果（$\leqslant$0.5g/kg）、腌制的蔬菜（≤1g/kg）。硫可用于水果干、干制蔬菜、蜜饯凉果等。乙氧基喹可用于经表面处理的新鲜水果，按生产需要量使用，残留量≤1mg/kg。

表 3－1　GB2760 允许果蔬用苯甲酸及其钠盐

单位：g/kg

食品名称	最大使用量	备注
果酱（罐头除外）	1.0	以苯甲酸计
蜜饯凉果	0.5	以苯甲酸计
腌渍的蔬菜	1.0	以苯甲酸计
浓缩果蔬汁［浆（仅限食品工业用）］	2.0	以苯甲酸计，固体饮料按稀释倍数增加使用量
浓缩果蔬汁［浆（仅限食品工业用）］	1.0	以苯甲酸计，固体饮料按稀释倍数增加使用量
果酒	0.8	以苯甲酸计

二、增稠剂

增稠剂是指能改善或稳定食品物理性质或组织状态的一类添加剂。增稠剂种类多，如明胶、果胶、海藻酸钠、羧甲基纤维素钠等。增稠剂在果蔬产品中广泛使用，如果蔬汁可使用果胶、海藻酸钠、黄原胶（汉生胶）、卡拉胶等。果酱可使用果胶、淀粉磷酸酯钠、甲壳素（几丁质）、磷酸化二淀粉磷酸酯、羟丙基淀粉、羧甲基淀粉钠等。增稠剂用在牛奶中可以使牛奶有浓缩的效果。依据 GB2760—2014《食品安全国家标准　食品添加剂使用标准》，果胶、瓜尔胶、黄原胶等可以在各类食品中按生产需要量使用。

三、色素

食品中添加色素可以刺激人的感觉，引起购买欲；不同的颜色可以用来鉴别食品；可以使不同批次的产品颜色一致（图 3－1）。

色素的来源有植物，如姜黄色素；也有动物，如血红素；也有微生物，如红曲色素。染料的三原色为红、黄、蓝，实际应用中可以使用三种原色进行调色（图 3－2）。如红色和黄色调制橙色，黄色、蓝色调制绿色，蓝色、红色调制紫色，这叫二次色，使用二次色可以调制三次色，如橄榄绿、灰色、棕褐色等。可选用的色素种类有如苋菜红、柠檬黄、日落黄、靛蓝等。

使用色素注意事项：①要符合食品的天然颜色，如猕猴桃汁不宜做成黑色。②颜色也可以根据人们的习惯适当变更，比如姜丝可以做成黄色，红色的也可以，消费者已习惯。

色素在果蔬加工中应用广泛，如果酱可用红曲红、焦糖色、亮蓝、萝卜红、柠檬黄、葡萄皮红、日落黄、苋菜红、胭脂红、栀子蓝、紫胶红等（图3－3）。

图3－1　使用色素制作的果冻

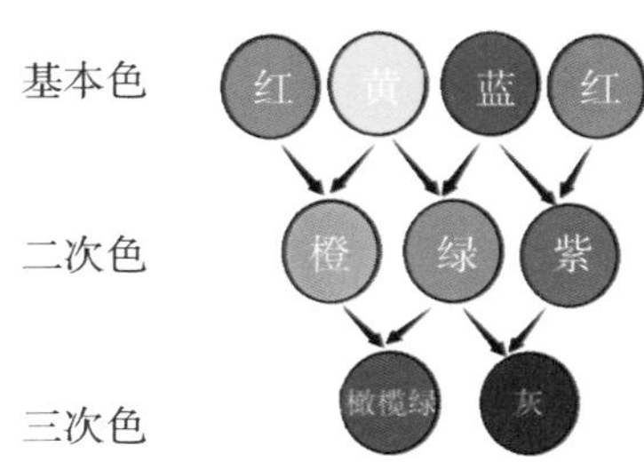

图3－2　调色参考图

图3－3　使用三原色调色效果

四、酸度调节剂

柠檬酸是酸味最纯正的酸，故最常用，别名柠檬酸。性质：酸味柔和，持续时间短。柠檬酸在食品加工中起到如下作用：增酸；螯合金属离子，协同抗氧化；防腐、抑菌；作为色素的稳定剂。应用在以下果蔬产品中，如汽水、果汁、果冻、果酱等。无毒，只对牙齿有损伤。酒石酸稍有涩味。乳酸通常是液体，具有收敛性酸味，故应用范围受到一定限制。乙酸常用于发酵型食品。

五、甜味剂

常见的甜味剂有糖精钠、甜蜜素、乙酰磺胺酸钾（AK 糖、安赛蜜）、阿斯巴甜、蔗糖素（三氯蔗糖）等。甜味剂有天然的和人工的。天然的如糖类及糖醇、非糖类物质如干草苷、甜叶菊苷；人工合成的有糖精钠、甜蜜素、阿斯巴甜、蔗糖素（三氯蔗糖）、AK 糖（安赛蜜）等。

糖精难溶于水，水溶性糖精为糖精钠。糖精钠稀溶液有高度甜味，但高浓度溶液为分子状态，无甜味，反而有苦味。糖精钠无热量，对糖尿病、肥胖病人合适。甜蜜素（环己基氨基磺酸钠、环己基氨基磺酸钙）甜味不大，是蔗糖的 40～50 倍，后苦味比蔗糖低，成本低。天门冬酰苯丙氨酸甲酯，又名阿斯巴甜，甜味为蔗糖的 200 倍，价格远低于蔗糖，无后苦味，不产生热量。在人体内代谢成天门冬氨酸和苯丙氨酸而被吸收利用。安赛蜜，又名 AK 糖，乙酰磺胺酸钾（Acesulfame K）。甜味纯正，极似蔗糖，甜度为蔗糖的 200 倍。无苦味，不产生热量，不代谢，完全排出体外。

甜味剂在果蔬食品中应用广泛，如水果干，可以用三氯蔗糖（蔗糖素）。果酱可以使用三氯蔗糖（蔗糖素）、安赛蜜等。

六、被膜剂

被膜剂的主要作用有：①隔离微生物，保质。②抑制呼吸作用，延长保存期，减少水分蒸发、保水保鲜。③美化食品外观，上光。使用方法通常为浸涂法、刷涂法、喷涂法。被膜剂在使用过程应注意，最多提前一个月，否则由于无氧呼吸产生过量的乙醇，使产品出现酒味。果蔬中允许使用的被膜剂如表 3－2。

表 3－2　果蔬中允许使用的被膜剂

单位：g/kg

被膜剂类别	食品名称	最大使用量
巴西棕榈蜡	新鲜果蔬	0.0004
聚二甲基硅氧烷及其乳液	经过表面处理的鲜水果	0.0009
	经过表面处理的新鲜蔬菜	0.0009

续表

被膜剂类别	食品名称	最大使用量
马吗啉脂肪酸盐	经过表面处理的鲜水果	按生产需要量使用
松香季戊四醇酯	经过表面处理的鲜水果	0.09
	经过表面处理的新鲜蔬菜	0.09
紫胶（又名虫胶）	经过表面处理的鲜水果（仅限柑橘类）	0.5
	经过表面处理的鲜水果（仅限苹果）	0.4
单、双甘油脂肪酸酯	经过表面处理的鲜水果	按生产需要量使用
	经过表面处理的新鲜蔬菜	按生产需要量使用

七、其他

（一）乳化剂

乳化剂的作用是使不相溶的物质如水和油混溶，其实质并不是互溶，而是均匀地混合在一起，可以使用均质机或胶体磨增强混合效果。乳化剂应用举例：由于 DHA（俗称“脑黄金”，二十二碳六烯酸）是油溶性的，将 DHA 加到饮料中可使用乳化剂。

（二）膨松剂

膨松剂在果蔬加工中应用少，焙烤行业用得较多。如面包中的碳酸氢钠、油条中的明矾等。

（三）酶制剂

酶制剂使用效果较为温和，如淀粉酶、蛋白酶等。柑橘汁在澄清过程加入果胶酶可以分解果胶，促进澄清，柑橘罐头加入果胶酶可以分解海绵组织和囊衣中的果胶。

（四）强化剂

我国居民食品中营养强化剂应用较为普遍，如食盐中加入的碘等。

（五）抗氧化剂

抗氧化剂是能防止或延缓油脂或食品成分氧化分解、变质，提高食品稳定性的物质。例如苹果变黑、瓜子变“哈”，可以加水溶性的维生素 C 和脂溶性的维生素 E 延缓氧化。

八、食品添加剂应用示例

以常见果酱为例，查询GB2760，允许使用的添加剂及其限量如下表，另外还可以使用果胶等“可在各类食品中按生产需要适量使用的食品添加剂名单”中的添加剂（表3-3）。

表3-3 果酱允许使用的添加剂及其限量

单位：g/kg

添加剂名称	作用	最大使用量
苯甲酸及其钠盐	防腐剂	1.0（以苯甲酸计）
刺云实胶	增稠剂	5.0
淀粉磷酸酯钠	增稠剂	按生产需要量使用
对羟基苯甲酸酯类及其钠盐（对羟基苯甲酸甲酯钠、对羟基苯甲酸乙酯及其钠盐）	增稠剂	0.25（以对羟基苯甲酸计）
N-［N-（3，3-二甲基丁基）］-L-α-天门冬氨-L-苯丙氨酸1-甲酯（又名纽甜）	甜味剂	0.07
二氧化钛	着色剂	5.0
海藻酸丙二醇酯	增稠剂 乳化剂 稳定剂	5.0
红曲米、红曲红	着色剂	按生产需要量使用
β-胡萝卜素	着色剂	1.0
环己基氨基磺酸钠（又名甜蜜素）	甜味剂	1.0
甲壳素（又名几丁质）	增稠剂 稳定剂	5.0
姜黄	着色剂	按生产需要量使用
焦糖色（加氨生产）	着色剂	1.5
焦糖色（普通法）	着色剂	1.5
亮蓝及其铝色淀	着色剂	0.5（以亮蓝计）

续表 1

添加剂名称	作用	最大使用量
磷酸化二淀粉磷酸酯	增稠剂	1.0
氯化钙	稳定剂和凝固剂、增稠剂	1.0
萝卜红	着色剂	按生产需要量使用
柠檬黄及其铝色淀	着色剂	0.5（以柠檬黄计）
葡萄皮红	着色剂	1.5
日落黄及其铝色淀	着色剂	0.5（以日落黄计）
三氯蔗糖（又名蔗糖素）	甜味剂	0.45
山梨酸及其钾盐	防腐剂、抗氧化剂、稳定剂	1.0
山梨糖醇和山梨糖醇液	甜味剂、膨松剂、乳化剂、水分保持剂、稳定剂、增稠剂	按生产需要量使用
羧甲基淀粉钠	增稠剂	0.1
糖精钠	甜味剂 增味剂	0.2（以糖精计）
天门冬酰苯丙氨酸甲酯（又名阿斯巴甜）	甜味剂	1.0
天门冬酰苯丙氨酸甲酯乙酰磺胺酸	甜味剂	0.68
苋菜红及其铝色淀	着色剂	0.3
胭脂虫红	着色剂	0.6（以胭脂虫酸计）
胭脂红及其铝色淀	着色剂	0.5（以胭脂虫计）
胭脂树橙（又名红木素、降红木素）	着色剂	0.6
叶黄素	着色剂	0.05
乙二胺四乙酸二钠	稳定剂、凝固剂、抗氧化剂、防腐剂	0.07
乙酰磺胺酸钾（又名安赛蜜）	甜味剂	0.3
异麦芽酮糖	甜味剂	按生产需要量使用

续表 2

添加剂名称	作用	最大使用量
硬脂酰乳酸钠、硬脂酰乳酸钙	乳化剂、稳定剂	2.0
蔗糖脂肪酸酯	乳化剂	5.0
栀子蓝	着色剂	0.3
紫胶红（又名虫胶红）	着色剂	0.5
聚二甲基硅氧烷及其乳液	食品工业用加工助剂（消泡剂、脱模剂）	0.05
茶多酚	抗氧化剂	0.5（以儿茶素计）
亚硫酸钠	护色剂、抗氧化剂	0.1（以二氧化硫残留量计）
甜菊糖苷	甜味剂	0.22
可得然胶	增稠剂	按生产需要量使用
罗望子多糖胶	增稠剂	5.0
果胶等可以在各类食品中按生产需要量使用的添加剂	增稠剂	按生产需要量使用

第四章　果蔬保鲜技术

第一节　采后生理对果蔬贮运的影响

一、呼吸生理

（一）呼吸生理概述

果蔬采后还是“活”的，还有呼吸作用。呼吸作用是指把体内的有机物分解放出能量，放出二氧化碳的过程。呼吸作用的类型有有氧呼吸和无氧呼吸。

有氧呼吸：$C_6H_{12}O_6+6O_2 \rightarrow 6CO_2+6H_2O+2870.2\ kJ$

无氧呼吸：$C_6H_{12}O_6 \rightarrow 2C_2H_5OH+2CO_2+100.4\ kJ$

呼吸强度是衡量呼吸作用强弱的一个重要指标，呼吸强度越大说明呼吸作用越旺盛，营养物质消耗得越快，呼吸强度大能加速产品衰老，缩短贮藏寿命。呼吸强度是指在一定温度下，单位时间内单位重量产品放出的CO_2或吸收的O_2的量，单位为CO_2mg/（kg・h）或O_2mg/（kg・h）。

呼吸系数，也叫呼吸熵（respiratory quotient，RQ）。它是指植物组织或器官在一定时间内，呼吸作用释放二氧化碳的体积对吸收分子氧的体积之比或摩尔数之比。呼吸系数＝吸收O_2体积或摩尔数÷放出CO_2体积或摩尔数。呼吸系数可以估计呼吸作用的类型和底物的种类。由有氧呼吸反应式$C_6H_{12}O_6+6O_2 \rightarrow 6CO_2+6H_2O+2870.2kJ$可以初步得出以下结论：①以葡萄糖为底物的有氧呼吸，RQ是1。②如果存在以葡萄糖为底物的无氧呼吸，则RQ⩾1。③由于葡萄糖分子里面C与O比是1∶1，如果底物不是葡萄糖，如底物分子中C的比例比较高，则需要消耗更多的氧气，分母增大，RQ⩽1，比如脂肪酸RQ为0.7～0.8。④若底物分子中O比较多，比如草酸，则反应所消耗的氧气就比较少，RQ⩾1。在正常情况下，以糖为底物呼吸，若RQ⩾1，可以判断出现了无氧呼吸。

呼吸跃变是指果蔬生长发育过程中呼吸强度不断下降，达到一个低点，之后又急速上升达到最高点，随果实衰老又再次下降的现象。呼吸跃变从表观上也可表示过了这段时间就加速衰老（图4－1）。

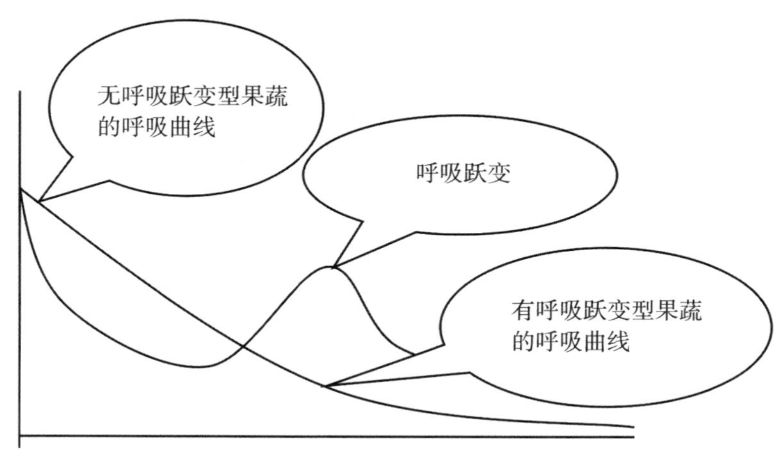

图 4－1　呼吸曲线

从理论上讲，如果不出现呼吸跃变，那么果蔬就不会衰老，但这不符合实际。我们可以采取一定的措施来延缓这个高峰的出现。一般而言，延迟一个星期就表示效果不错，如果想催熟使之提前上市可以采取措施让高峰提前来到。

典型呼吸跃变型果蔬有芒果、香蕉、苹果、桃、李、柿、番茄、番荔枝、番石榴、番木瓜、猕猴桃、无花果等；有呼吸跃变的果蔬要在呼吸跃变出现前采收。如香蕉，在青香蕉状态采收再用乙烯催熟。苹果是最典型的呼吸跃变型水果，如果还需储存，不宜等完全红了再采。番茄不宜等红了收，也不能在青的时候收，否则放不红，适宜在青色消失，慢慢转变为淡黄色的时候收。

还有一类果实在成长过程中是没有这个高峰出现的，为非呼吸跃变型果蔬。如柑橘、柠檬、甜橙、葡萄、草莓、菠萝、黄瓜等。这类果蔬没有后熟期。

呼吸消耗是指因呼吸作用营养物质会损耗。呼吸热是指呼吸作用产生的热量。田间热是指果蔬从田间带到贮存库的热量，由于田间的温度而释放出来。

（二）影响果蔬呼吸代谢的因素

1. 产品本身的因素

产品的种类与品种是影响呼吸作用的内因。一般的规律是北方的比南方的耐储存；晚熟的比早熟的耐储存；生长慢的比生长快的耐储存。耐储存总趋势：根菜、茎菜＞果菜＞叶菜。发育年龄与成熟度也影响呼吸作用，一般而言，组织老硬的比组织软嫩的耐储存。

2. 环境因素

环境温度、湿度和气体成分等都会影响果蔬呼吸作用，进而影响储存期。

Q_{10} = （T + 10）℃的呼吸强度/T℃的呼吸强度。一般果蔬的 Q_{10} 为 2～3，即温度上升 10℃，果蔬呼吸强度变为原来的 2～3 倍。

果蔬储存宜选择适宜的低温，影响呼吸强度最重要的因素是温度，在一定的范围，温度增加，酶的活性会增强，呼吸强度会变大。储存时应尽量降低贮藏温度，又不至于产生冷害。同时还要防止库温波动，环境温度的变化会刺激果蔬原料中酶的活性，导致呼吸作用增强，消耗增加，贮藏时间缩短，果蔬储藏应尽量避免库温波动。

如果温度太低，果蔬会发生冷害现象，果蔬需要低温储存，但有一个临界温度。冷害定义为在高于冰点以上的不适宜温度下引起果蔬生理代谢失调的现象。冷害表现为产品表面凹陷、水浸斑，种子或组织褐变、内部组织崩溃，产生异味和腐烂等。如香蕉发生冷害的临界温度为 11.7℃～12.7℃。绿熟番茄放室温储存，其品质会有一定的提升，但放冰箱储存可能难以放红。南瓜冷藏温度不当可能腐败得更快。图 4－2 为茄子储存在冰箱中出现的冷害现象。

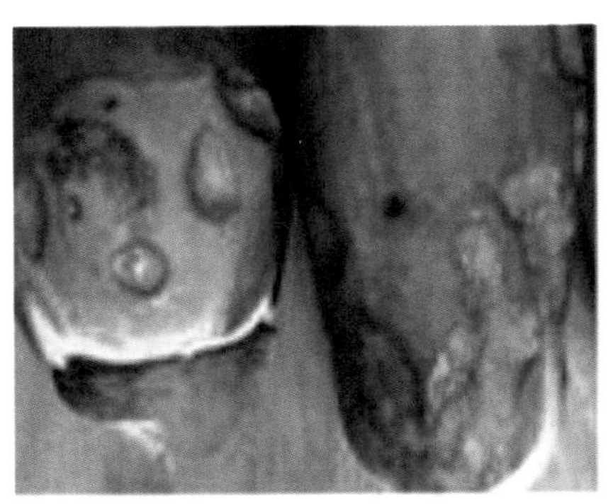

图 4－2　低温伤害（茄子冷害）

冻害也叫冻灼，是指在低于冰点的不适宜温度下引起果蔬生理代谢失调的现象，如香蕉在不适宜的低温时表皮会变黑。

气体成分主要指 O_2 和 CO_2。要抑制呼吸，而不干扰正常的代谢，可适当降低 O_2 浓度，提高 CO_2 浓度。O_2 不是越低越好，否则呼吸作用就以无氧呼吸为主。大部分果蔬比较适合的CO_2浓度为1%～5%，CO_2也不是越高越好，CO_2浓度大于20%时无氧呼吸明显增加，CO_2浓度过高会造成二氧化碳中毒，从而引起代谢失调。O_2和CO_2、温度三者是相互联系的，温度变化了，O_2和CO_2的浓度要跟着变化。调节空气里面O_2和CO_2的浓度，储存果蔬的过程叫气调。

乙烯是一种调节生长、发育和衰老的植物激素。所有的果实在发育期间都会产生微量乙烯，在果实未成熟时乙烯含量很低，在果实进入成熟时会出现乙烯高峰。乙烯的催熟原理尚不明确。乙烯气体可以刺激跃变型果实提早出现呼吸跃变，促进成熟。有呼吸跃变型的果蔬用乙烯提前出现了呼吸跃变；没有呼吸跃变型的果蔬用乙烯出现了呼吸跃变。

湿度也会影响呼吸强度，一般来说轻微的干燥比湿润的环境要好。

机械损伤和微生物浸染都会刺激呼吸强度增加，不利于贮藏，应尽量避免果蔬受机械损伤和微生物浸染。

植物激素可通过调节呼吸作用影响其储存寿命，促进呼吸作用的激素有乙烯、脱落酸ABA等。抑制呼吸作用的激素有生长素CAA、赤霉素GA、细胞分裂素CK等。

二、蒸发生理

蒸发也就是失水的过程，即果蔬的水分挥发到空气中。失水可导致失重、失鲜。失重是指果蔬采后重量减少，重量减少的原因一是水分的蒸发，二是呼吸消耗了营养物质，这属于自然损耗，以水分蒸发引起的损耗为主，占绝大部分。重量减少与商业销售最为相关，会造成经济损失。蔬菜的保鲜最主要的任务是保湿。失水会导致风味、结构、质量方面都会发生变化，即果蔬失鲜。通常一般果蔬失水5%，会表现出感官可辨的萎蔫和皱缩。叶菜类尤为明显；而果皮厚的果蔬如柑橘等失水达到10%其感官变化仍然不明显。有些果蔬虽然没有萎蔫，但其口感、脆度、颜色和风味等都发生了变化；如黄瓜、萝卜失水，表面变化不明显，但会造成内部“糠心”。

果蔬失水会导致正常代谢紊乱，降低果蔬的耐贮性及抗病性。水分蒸发还会促使叶绿素酶、果胶酶等水解酶的活性增强，造成果蔬叶绿素水解而变黄、果胶类物质变化而变软。过度的水分蒸发还会形成一种胁迫作用，刺激果蔬中某些促进成熟衰老的激素的合成，如乙烯和脱落酸，从而缩短果蔬的储藏期。少数的果蔬适当地失水有利于储藏。如马铃薯、红薯、荸荠不能直接储存，晾晒一下有利于储存。菠菜、大白菜失水以后，细胞外液浓度增大，冰点降低，耐低温能力提高。大蒜、洋葱等经晾晒，其外层的鳞片适当地干燥后能防止水分散失。

三、结露

结露是指在果蔬的包装物或果蔬表面的凝水，也叫“出汗”。结露的原因主要是：①环境温度高。空气中的水蒸气温度高，遇冷结露，在储存过程中这种情况应尽量避免，否则就表明储存温度比较高。②预冷不充分。③库温变化大。一般情况下，果蔬贮藏初期刚入库，此时产品初始温度高，水分蒸发量大，库温的变化也大，最容易出现结露。结露对果蔬贮藏会造成极其不利的影响，果蔬表面的水珠有利于微生物的生长，会加速果蔬的腐败。④存放不当。由于地面温度较低，与空气存在温差，与地面直接接触的果蔬容易出现水珠，导致滋生微生物，加速腐败（图 4－3）。

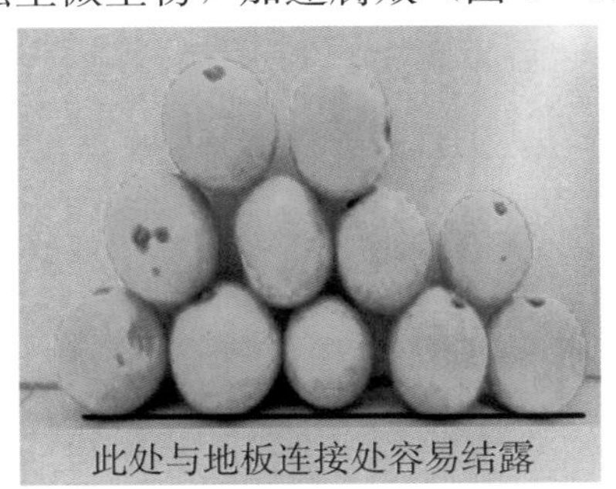

图 4－3　结露处

四、果蔬成熟衰老生理

果蔬采后会经历几个主要过程：生长、成熟、衰老，生长→生理成熟→完熟→衰老。成熟是指完成了生长和发育的过程。后熟是指采后完成的成熟过程，有些果蔬有后熟过程，如番茄、香蕉、猕猴桃。生理成熟是指完成了生长发育过程。商业成熟是指达到可销售的状态，如白菜苗、白菜薹都可称之为商业成熟状态。完熟是指成熟以后衰老之前的这个阶段。衰老是指果蔬的品质开始下降，组织败坏直到死亡。

果蔬成熟衰老的影响因素有温度、湿度、气体成分等。适宜的低温延缓果蔬成熟衰老。湿度一般在 80％～90％比较好，可以有效地防止水分的蒸发，操作时可在储藏库内洒水，但水不能接触果蔬，如草莓沾水容易败坏，或者在储存库内挂一些湿的布条。促进果蔬成熟衰老的激素有乙烯（ethylene，跃变和非跃变果实都有）；脱落酸（ABA abscisic acid，非跃变型果实）。抑制果蔬成熟衰老的激素有生长素 IAA（indole3－acetic acid）、赤霉素 GA（gibberellins）、细胞分裂素 CK（cytokinins）。促进衰老的其他化学药剂有乙烯利、乙醇、乙炔等。抑制成熟衰老的有 2，4－D（2，4－二氯苯氧乙酸）等。钙可以抑制乙烯的释放，因此可以延缓果蔬的衰老。

五、休眠生理

休眠是指植物生长发育过程中遇到不良环境条件时，有的器官暂时停止生长的现象。有休眠期的蔬菜休眠期一过就容易发芽，导致产品重量减轻，品质下降。如马铃薯休眠期后容易发芽，产生大量龙葵素（茄碱苷），对人体健康有害。洋葱、大蒜和生姜发芽后内部会变空，食用价值大打折扣，甚至失去食用价值。不同种类果蔬的休眠期长短不同，大蒜的休眠期一般为 60～80d，通常夏至收获到 9 月中旬芽才开始萌动；马铃薯休眠期为 2～4 个月，洋葱休眠期为 1.5～2.5 个月。板栗采后有一个月的休眠期。

休眠的种类有强迫休眠和生理休眠。强迫休眠，也叫他发性休眠，由于外界环境不当引起的休眠。应尽量延长休眠期，给予休眠的条件。生理休眠，也叫自发性休眠，内在的因素引起的，外界环境适宜生活，但也休眠。

降低贮藏温度是延长贮藏期最有效、最安全、应用最广泛的一种措施。低 O_2 高 CO_2 也有利于控制休眠。某些化学药剂对休眠也具有促进作用。如萘乙酸或萘乙酸钠，萘乙酸的主要用途为植物生长调节剂，可防止马铃薯发芽，而且可以抑制萎蔫。使用时可将药品喷到碎纸上，碎纸作为填充物与马铃薯混合；也可以将药液与细土混匀，撒到马铃薯上；或直接将药液喷到原料上。植物生长调节剂归入农药进行管理，该类调节剂残留物为萘乙酸，依据 GB 2763—2021《食品安全国家标准　食品中农药最大残留限量》，其在蔬菜中的最大残留量如表 4－1。

表 4－1　萘乙酸在蔬菜中的最大残留量

单位：mg/kg

蔬菜名称	最大残留量
大蒜	0.05

续表

蔬菜名称	最大残留量
洋葱	0.1
蒜薹	0.05
番茄	0.1
黄瓜	0.1
姜	0.05
马铃薯	0.05
甘薯	0.05

氯苯胺灵是一种马铃薯抑芽剂，可以防止薯块在常温下发芽。CIPC 为植物生长调节剂，一般采后使用，在马铃薯愈伤后使用，否则会干扰愈伤。将 CIPC 粉剂均匀喷在马铃薯中，一层马铃薯一层粉剂，密封覆盖 1～2d，待其汽化后打开覆盖物。使用 CIPC GB 2763—2021《食品安全国家标准　食品中农药最大残留限量》规定氯苯胺灵在马铃薯中最大残留量为 30 mg/kg。

鳞茎类蔬菜如洋葱、大蒜等一般使用青鲜素作为抑芽剂。一般在采前两周喷洒，将 MH 喷到洋葱或大蒜的叶子上，药剂吸收后转移渗透到鳞茎内，起到抑芽作用。喷药过晚叶片失去转运功能，喷药过早会抑制鳞茎生长，影响产量。

辐射处理对抑制马铃薯、洋葱、大蒜和生姜发芽都有效。辐射抑制了酶的活性和生化反应。因此只限于要食用的，若还需作为种子发芽的谨慎使用；辐射也同时影响果蔬的营养和风味。

第二节　果蔬的商品化处理与运输

一、采收

采收的时间原则为适时采收。如香蕉、柿子适宜在青的时候采收，使用乙烯催熟，香蕉不宜熟了采。辣椒青的时候、红的时候都可以采收。采收注意事项：①下雨天不收果，烈日下不收果，露水未干不收果。下雨天收的果吸收了水分不耐贮藏；烈日下收的果温度高，在常温下果本身带来的田间热不易消除，从而缩短了寿命；露水未干采收的果实，果皮胀水，很容易受机械损伤。②采前一周不宜灌水。

采收成熟度可根据颜色、硬度等进行判断。未成熟的果实绿色，成熟后，叶绿素逐渐分解，原来没有显现出来的如花青素等显现出来。番茄若在绿的时候采收，放不红，红了采收，容易腐烂，应该在其慢慢变黄、淡红色时采收。荔枝果皮颜色变化过程为：绿色→黄色→红色→紫色。采收时间宜为果皮鲜红未转紫之前。柑橘在果皮退绿转黄 2/3 时采收，这时已经达到八成熟，达到了商品要求的最低限度，经过储存品质还会有所提高。苹果当全树 80%的果实面色呈鲜亮的红色时，采收最为适宜。硬度、质地可使用硬度计测量或根据经验进行感官判断。

成熟度还可参考主要化学物质含量。不同的果蔬在成熟过程中化学物质的变化不一样。如单宁、淀粉、糖酸比等。成熟过程中可溶性的单宁变成了不溶性的单宁，涩味减少。果蔬成熟过程中淀粉转化为糖，所以含量减少，可以将果蔬切开，在其切面上滴碘液，观察颜色的深浅。颜色深，淀粉含量多，如马铃薯应在颜色深时采；颜色浅，淀粉含量少。如四季豆在颜色浅时采。如需频繁快速测定，可利用以下方法制作淀粉速测比色卡，可以初步快速判断淀粉的含量。淀粉速测比色卡（图 4－4）采用标准淀粉制作而成，包含 6 种颜色，呈蓝色递增状态，其中 5 号色整体蓝黑色，周围可见蓝色，6 号色整体蓝黑色，周围可见紫色。配套量杯 1 个、滴管 2 支（2mL）、比色盘 1 个、碘液 1 瓶（图 4－5），及普通称量工具（10g 以内电子天平）、研磨工具。

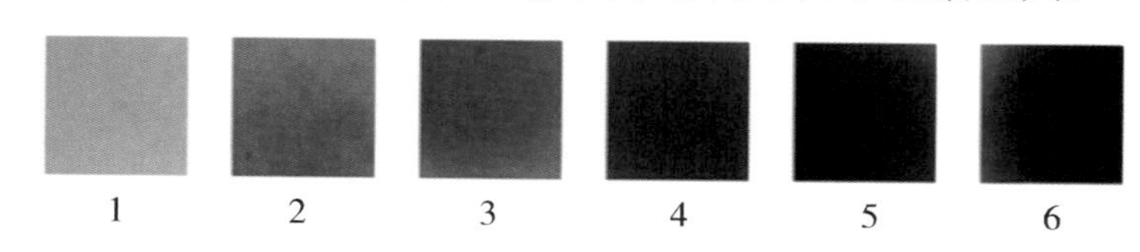

图 4－4　淀粉比色卡

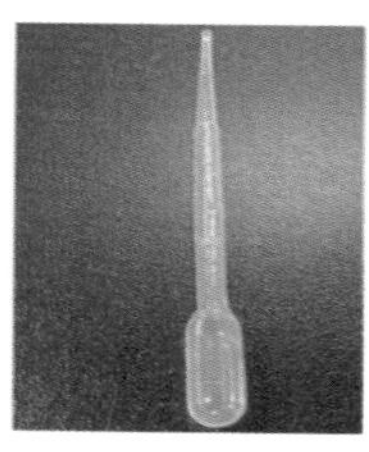
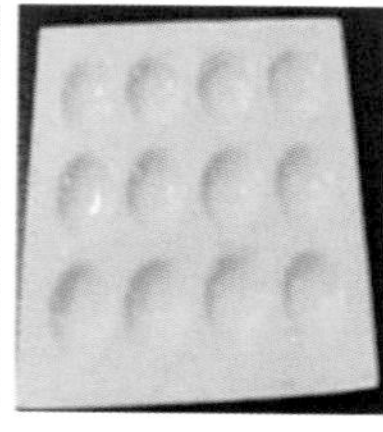

图 4－5　淀粉比色卡配套用具

使用方法：将样品磨成匀浆，称取 1g，加入 100mL 水，用滴管从中吸取一管（2mL）放入比色盘的孔中，用另一滴管加入碘液 2 滴。观察颜色，与上述比色卡进行比对，查询比色卡对应的标准淀粉含量而确定未知样品的含量。

糖酸比是指总糖含量与总酸含量的比值。固酸比是指可溶性固形物（TSS total soluble solid）含量与总酸的比值。可溶性固形物的测定方法如下：若样品为透明液体，将液体充分混匀，直接测定。若样品为半黏稠制品（如果浆）、含悬浮物质制品（果粒饮料）、固体，用组织捣碎机捣碎，将样品混匀，用四层纱布过滤，弃去初滤液。用手持糖度计测出的是可溶性固形物的含量，果蔬主要是以糖为主，所以近似地等于糖的含量；固酸比≥糖酸比，如柑橘中的可溶性固形物包括糖类、有机酸、氨基酸、维生素、矿物质等。一般固酸比（10～16）∶1 风味较好，如需储存宜适当地低于这个比值，如 9.5∶1。

果实的形状和大小、日历期等也可作为判断依据，比如瓜类，大的表示成熟，小的表示没熟。每种果蔬有生长期，如冬笋，可看成笋时间。民间一般以“冬至”为界，“冬至”前的笋为冬笋，冬笋大多成竹率较低，宜挖作为食用蔬菜；“冬至”后形成的笋称为春笋，春笋成竹率高，适宜留存成竹。另外可参考生长条件，平地竹林的笋大多营养条件好，成竹率高，可少挖。竹林地势高，土壤贫瘠，营养条件差的地方，成竹率低，成竹后质量差，可适当多挖；但气候有影响，不能保证风调雨顺的情况下，有可能过了日历期还没有成熟。

采收方法可人工操作也可借助机械，机械方法速度快，容易统一。注意事项：①注意轻拿轻放，不能有破损，否则有机械伤的地方要愈伤，呼吸强度就会增加，而且容易有微生物的污染。②采用一果两剪的方法。③同一棵树上的果实，先外后内，先下后上。

二、分级

果蔬采收完毕要进行相应的处理，同一批次的果蔬其质量难以完全一致，形状、大小、着色程度等都受到各种条件影响而表现各异，不便于储存条件控制，也不便于以质论价。有的还有病虫害，不宜与好果混合储存，否则造成交叉污染。世界各国都有自己的分级标准，一般都是按果实大小、色泽品质等分级，如中国苹果也分为特等级、一等、二等、三等和等外 5 个等级。早期农民和商贩之间，还采用传统手测贴指的方法。目前分级的方法有人工分级和机械分级，机械分级主要按照大小和重量进行分级。

三、喷淋

去除表面的泥土污染物质，和农药残留以及杀菌防腐。喷淋并不适合所有的果蔬，有的带泥带土储存得更久，如马铃薯。喷淋时可同时使用一些试剂，如去污可采用盐酸、高锰酸钾喷洒或浸泡，但用量一定要符合相关规定。

四、预冷

果蔬预冷对储存是有利的：①果蔬储存的时候有两种热，田间热和呼吸热，堆的时候热量散发不出去。预冷过程可以充分散发田间热。②预冷过程会有一定的水分散发，损失一定的水分后果皮会比较软，不容易发生机械伤。③如有愈伤组织，预冷时可以进行愈伤，否则在冷冻或冷藏期间，温度低，会造成愈伤不良。④预冷可控制病害，减少腐烂。⑤预冷过程可减轻蔬菜贮藏或运输开始时机械降温负担与能量消耗。预冷方法有强风预冷法、冷水喷淋法、冷水浸泡预冷法、真空预冷法等。也可以采用最原始简单的方法，放在树底下阴凉处存放12～24h，或走廊阴凉的地方摊开，这种方法经济实惠，最常用。

五、愈伤

大部分果蔬具有自我愈伤的功能，如一些块根、块茎类蔬菜（马铃薯、甘薯）等。愈伤有利于某些果蔬储存。

六、晾晒

某些果蔬适当晾晒有利于储存，如大白菜、洋葱、荸荠等。

七、催熟脱涩

催熟可以使成熟度不一样的果蔬成熟到相同的程度。可采用乙烯利的水溶液进行喷洒或浸泡。某些果实还可进行脱涩，如柿子。脱涩的原理是利用果实无氧呼吸产生乙醛与可溶性的单宁结合成不溶性的单宁。催熟与脱色目的不同，做法也不同，这完全取决于销售的要求。有时果品要提前上市，就必须用人工催熟的办法，才能提前应市，柿子、芒果等皆如此。对有的果品来说，采后人工催熟已经成为销售前不可缺少的一种常规措施。如香蕉，一般都青绿、生硬的时候采摘，经过人工催熟处理，变成金黄色的果实才上市的，也只有这样的商品才具有竞争力。催熟的果蔬其食用品质往往不如自然成熟的果蔬，且催熟剂的使用需严格控制，遵守相关标准规定，对于商品运输和储存而言，催熟可以解决某些地域性和季节性矛盾：①人工催熟的果品熟度一致，有良好的商品外观。这一点是自然成熟的果品没法做到的。经过人工催熟的果品，不但整体成熟一致，而且个体的变化也都十分均匀，例如同一梳香蕉，人工催熟的，一旦转熟就一起转熟。自然成熟往往是其中一两个先熟，有先有后；人工催熟的，第一梳和最尾的一梳一起转熟，而自然成熟的，通常是最先开花的第一二梳中的一两个先熟（图4－6）。②人工催熟可以控制上市时间，争取销售的主动权。通过控制催熟操作，能够控制上市时间，提前推后，十分灵活。③人工催熟有利开拓远销市场。可以采收没有成熟的生果，包装运输到目的地，再进行人工催熟后上市。这也是果品贮运保鲜常规的技术措施之一。

图4－6　香蕉催熟效果（左为对照，右为乙烯利催熟产品）

根据《农药管理条例》，植物生长调节剂作为农药而统一管理，需符合GB 2763—2021《食品安全国家标准　食品中农药最大残留限量》规定，根据该规定乙烯利的每日允许摄入量ADI为0.05mg/kg bw。其最大残留量如表4－2。

表 4－2　乙烯利最大残留量规定

单位：mg/kg

果蔬种类	果蔬名称	最大残留限量
蔬菜	番茄	2
	辣椒	5
水果	苹果	5
	樱桃	10
	蓝莓	20
	葡萄	1
	猕猴桃	2
	柿子	30
	橄榄	7
	荔枝	2
	芒果	2
	香蕉	2
干制水果	葡萄干	5
	干制无花果	10
	无花果蜜饯	10

八、熏蒸

某些果蔬用二氧化硫熏蒸，防虫、防霉效果比较好，某些果蔬自身容易储存，如板栗，但也容易长虫、长霉，虫卵在板栗生长过程可能藏匿在果实中，在储存过程进行发育。熏蒸剂的使用量应遵循食品添加剂使用标准。

九、涂膜和打蜡

水果打蜡是把树胶、蜂蜡、虫胶之类的物质，用有机溶剂制成液态蜡，在果面涂上很薄的一层，起到保湿和美化的作用。打蜡的方法有浸涂法、刷涂法、喷涂法等。

果蔬打蜡一方面防止水分蒸发，一方面美化商品外观，也可以防腐与打蜡一起处理，经过储存待机上市。但打蜡不宜太早，超过 1 个月，果实容易有酒味，这是由于蜡层封闭了气孔，果实内部供氧不足，无氧呼吸积累酒精，蜡层越厚，酒味越浓。所以，生产上一般都主张上市前才打蜡。蜡使用量和品类应遵循食品添加剂使用标准，不得超范围、超量使用，且需使用食品级。

十、包装

储存的包装不等于豪华的包装。储存包装起到如下作用：①起保护作用，在果实翻检时避免机械伤。②阻止水分蒸发速度。③防止腐烂的交叉污染。④可以调节气体成分，可控制 O_2、CO_2 通过，使包装小环境里面 O_2 少 CO_2 多。内包装宜柔软，可用网套、格子纸、小塑料袋甚至树叶等。

第三节 果蔬贮藏方法

一、简易贮藏

（一）堆藏

将果蔬堆在室内或室外储存叫堆藏。适宜堆藏的果蔬有苹果、土豆、菊芋等，一般适于北方临时储存，南方由于气温高不适合。堆藏宜堆在地势较高的地方以防水。可堆成龟背形，高 1～2m，宽 1.5～2m，堆的旁边要有排水沟，堆的量最多不要超过 1t，太多不易检查。若堆的量较多，可在中心插一根管子，或把稻草、秸秆扎成把再用稻草编一把伞，防雨。注意保温，天气凉了可以盖一层稻草、秸秆，再冷可再盖一层泥土，也可盖塑料膜，初期不盖（图 4－7）。

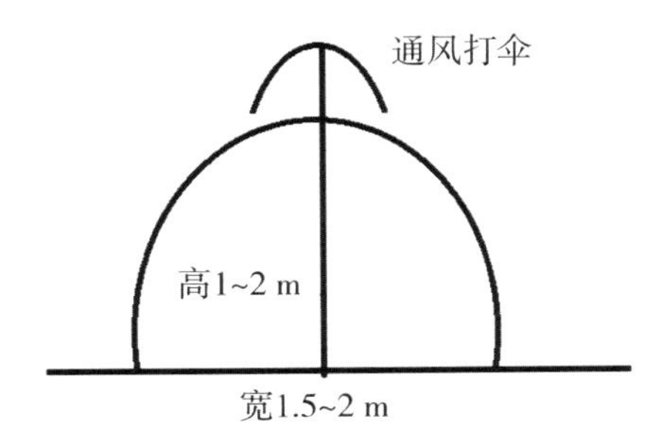

图 4－7 堆藏简图

（二）沟藏（也叫埋藏）

将产品堆放在地面以下叫沟藏。南北方都适合，如可在橘园开沟。沟藏的缺点是不方便检查，所以最初要放好。沟不能太深、不能进水、要干燥，约 1 m 为宜。沟宽一般为 1～1.5 m，深 40 cm 左右，沟长不超过 30 m。沟的朝向按储存季节的风向来定。南方潮湿，沟宜垂直于风向。北方气温低，沟宜平行于风向，有利于保温。沟的底部要铺上稻草或细沙，顶部覆盖泥土，留足够的通气竹管。沟要做排水，水沟要有坡度，要有排水主沟，平行于沟每隔 2～3 m 要有次排水沟斜向于主沟。沟可重复利用，用完填满种植果蔬来年再挖（图 4-8、图 4-9）。

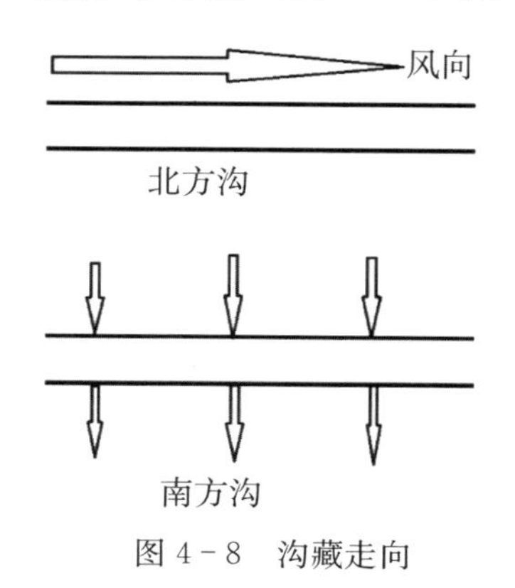

图 4-8　沟藏走向

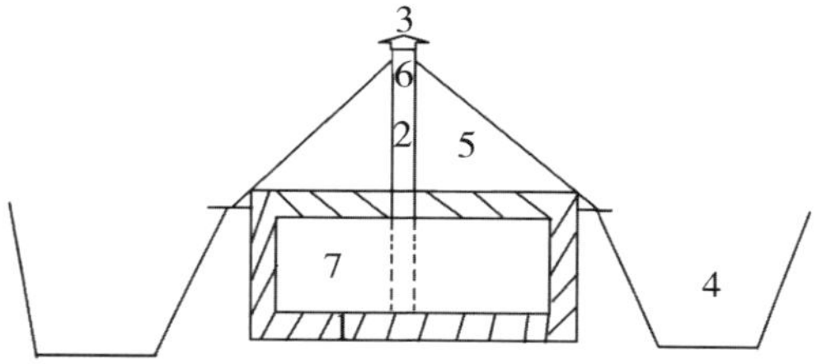

1.沟内铺干草或细沙；2.通气管；3.防雨顶棚；4.排水沟；5.顶部覆盖泥土；6.防虫鼠格栅；7.储存区。

图 4-9　沟藏截面

（三）窖藏

窖可以垂直挖，也可以水平挖在山坡上。窖的种类有棚窖、井窖、窑窖等。

1. 棚窖

由于棚窖口太大，不利于保温保湿，南方不适用，北方可用于储存大白菜。棚窖有两种，一种半地下式（图 4-10），一种全地下式（图 4-11）。半地下式适宜比较温暖的地方和地下水位较高的地方，全地下式适宜比较寒冷的地方。

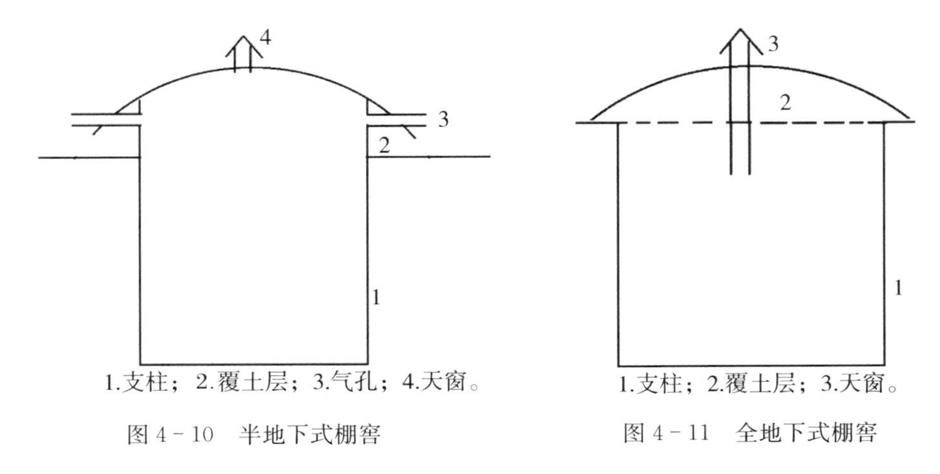

1.支柱；2.覆土层；3.气孔；4.天窗。

图 4－10　半地下式棚窖

1.支柱；2.覆土层；3.天窗。

图 4－11　全地下式棚窖

2. 井窖

井窖可用于储存柑橘、红薯、甘蔗等。井较深一般有 3～4 m，适宜地下水位较低的地方。井窖适合储存 1000～2000 kg 的物品，适合家庭小储存，储存量太大不适宜采用井窖。井窖的种类有吊全窖、双层窖、双盖窖(图4－12)。吊全窖圆，口小窖体大，简单。双层窖容易挖，下层窖较好储存。双盖窖内置一内盖，可防小动物、雨、雪，两盖之间的空气也可以起到隔热保温的作用。

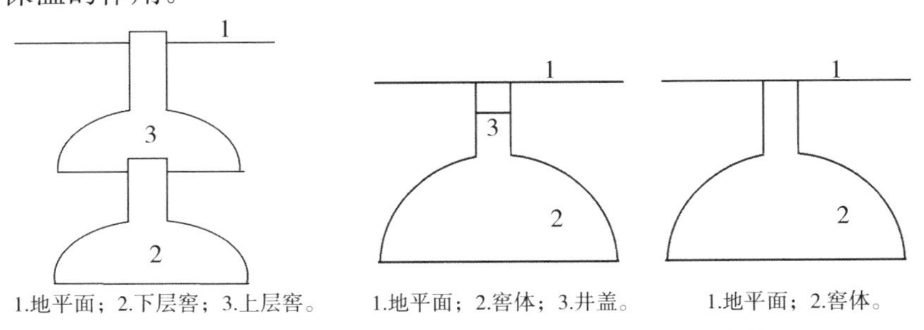

1.地平面；2.下层窖；3.上层窖。　1.地平面；2.窖体；3.井盖。　1.地平面；2.窖体。

图 4－12　从左到右依次为双层窖、双盖窖、吊全窖

3. 窑窖（图 4－13）

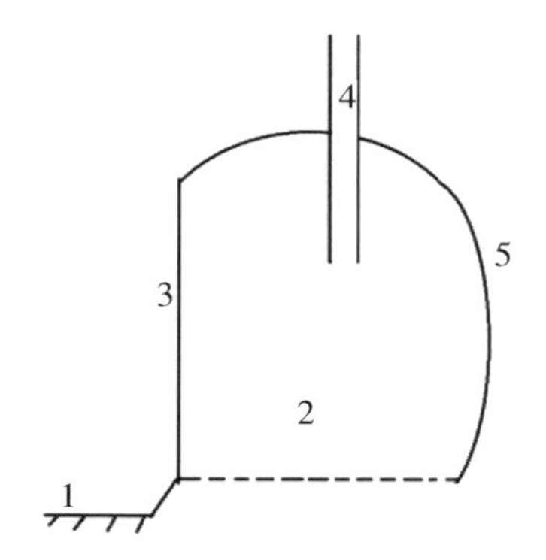

1.地平面；2.窖体；3.进出口；
4.通气孔；5.山坡。

图 4－13　窑窖

窑窖适宜西北地区使用，因其土质紧，地下水位高，不宜用地下式的窖。而南方土质松，不太适宜用窑窖。窑窖应科学管理，空窑消毒可用烟熏，漂白粉喷洒，石灰撒地面等。窖藏期间管理，初期注意多通风，降温，在一天最凉快时通风；中期注意保温，在一天最热的时间通风；后期出库，及时剔除腐烂果。清窖出窖后，打扫消毒、封闭。

（四）冻藏

冻藏适宜北方，宜－10℃以下。北方气温低，可直接摆放室外。南方气温高，很少能降到－5℃。冻藏温度不能太低，否则会发生冻灼现象。冻的果蔬一般不解冻，适宜直接加工，如冻草莓直接加工成果酱。

（五）假植贮藏

假植贮藏是指将蔬菜连根收获，带泥带土储存，一般可延长几天的储存期，甚至长达 10 d，但储存时间不宜太长。假植贮藏适宜蔬菜。方法是连根拔起，紧密排列，上面盖层土，类似重复栽下去，在这过程中蔬菜还可从土壤中吸收一些营养。在采收过程中不可避免有一些毛细根被折断，因此假植贮藏不等于种植，有一个适宜的过程。

二、通风贮藏

通风贮藏与简易储藏的共同点是利用自然条件、通风、降温，不同之处在于通风储藏需要建一个通风库。选址宜选择地下水位比历年来最高水位还高 1 m 的地方，不宜建在风口上，尽量选择能保温的地方。库房要有通风设备、保温设备。保温隔热可利用夹墙，静止的空气可以起到保温作用。可使用保温材料，如泡沫，薄的材料多用几层比单独一层厚的效果更好，中间有空隙，可错开粘贴。民间传统方法，使用稻草等，去掉稻草衣，贴泥敷上。应设置通风条件，500 t 以下的通风库，每 50 t 的通风面积不少于 0.5 m^2。每个通风孔面积可设计 25 cm×25 cm，1 尺（1 尺≈33.3 cm）见方，小洞保温容易，通风孔用隔网防止小动物（图 4－14）。进出气口设计，一般进气口面积较大，出气口面积较小，有利于空气回流。

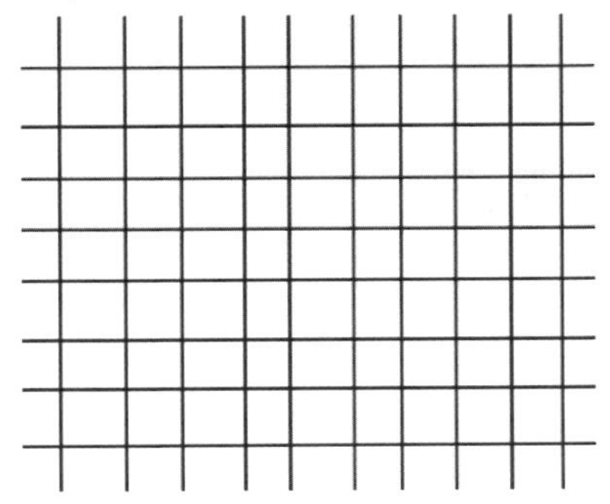

图 4－14　通风网

最好在屋顶出气，热空气密度相对较小，往上流通，通风口宜与储存季节主风向一致。出气的方式有几种，图 4－15 中 B 为屋檐小窗式，在屋檐开小窗，进出风都在屋檐，这种情况除非有强劲的风，否则通风会有死角。A 为屋顶烟囱式，从墙角进风，屋顶出风，进气口和出气口垂直距离大，通风效果好，但也有死角。C 为混合式（结合 A、B），通风处较多，初期降温效果比较好，中期要保温效果不佳，若是比较稳定的风进来就较为完善。D 为地道式，综合了上述几种方式的优缺点，在地道安装进风设备，墙角不再进风。

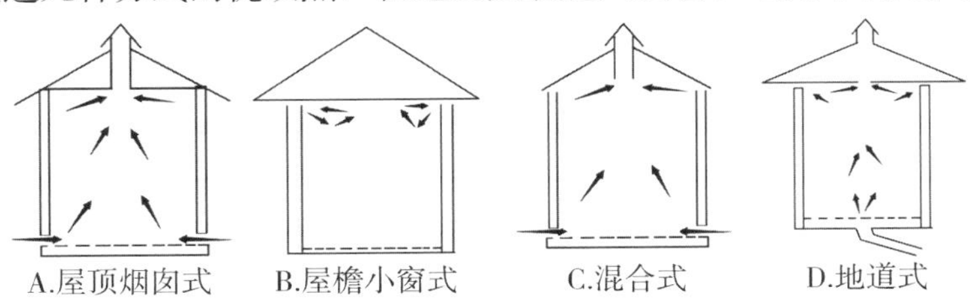

图 4－15　出气方式

通风管理要求，储存初期，一般为 9—11 月，要勤通风，在一天中气温最低的时候。晚上 1—2 点通风能有效的将气温降下来。储存中期，一般为来年 12—2 月，是一年中最冷的时候，要保温，在气温最高的时候通风，中午 12—2 点通风可防止出现冷害。储存末期，2 月以后，气温回升，若还需要继续储存，在适宜的时候通风，下雨的时候不适宜通风。

三、机械冷藏（图 4－16）

图 4－16　食品企业冷库

机械冷藏可一年四季充分利用，适宜苹果、柿子、芹菜等，机械冷藏的原理类似于冰箱。压缩机通过活塞运动将空气压缩并且推往冷凝器，冷凝器内气体液化成液体，这个过程放热。液体流入贮液器，贮液器中存有冷凝剂，通过膨胀阀（调节阀），液体从高压部分进入低压部分，在蒸发器（制冷器）内变成气体，这个过程吸热，可以把周围环境中的温度降低，也可在蒸发器外围装液体，利用低温的液体冷却其他储存库（图 4－17）。

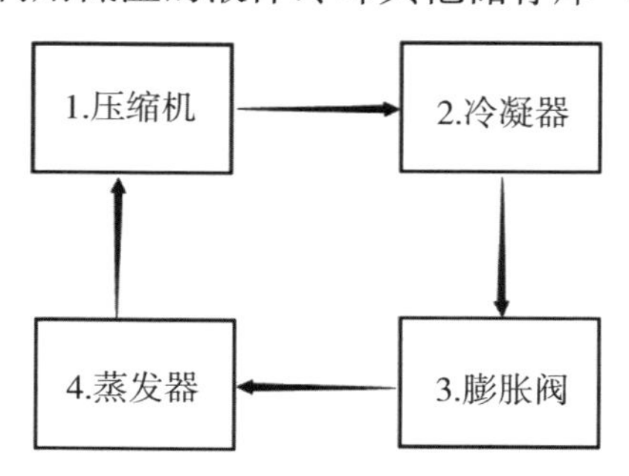

图 4－17　机械冷藏库工作简单流程

说明事项：制冷剂一般用氟利昂（CF_2Cl_2，二氯二氟甲烷），也可用氨水。蒸发器一般用水，清水易结冰，可用 NaCl 或 $CaCl_2$ 水，盐水浓度越高，可致冷温度越低。蒸发器可不放冷库，而装在一个单独的库房，冷却介质，利用介质去冷却储存空间。蒸发器若放冷库内，应置于空间上方。冷空气相对密度大，可充分进行冷热交替。储存期内蒸发器会结冰，要定期清除冰，叫“冲霜”。冰来源于空气和果蔬中的水汽，冷藏过程中果蔬会丧失水分，因此应注意保持冷库内的湿度。

果蔬宜降温到 30℃ 以下再入库，若品温太高进入冷库，温差大不利于储存。在产品较多时可选择使用自然冷却，放置于阴凉通风的地方，产品较少时可在缓冲间预冷。若采用水预冷，注意水不能沾到果蔬表面，有水尽量风干或吹干。

入库堆放时应注意包好以后再堆，不宜直接堆放地面，也不能接触墙壁。堆垛与顶棚的距离≥25 cm，最好装库房 2/3 左右。相邻的包装之间应留有 1 cm 的距离。堆垛的方法可采用“品字形”或“一压四”（图 4－18、图 4－19）。温度宜保持稳定，在稳定的温度下，果蔬呼吸比较稳定。可在离地 1 m 高的地方安装几个温度计进行测量。温度控制可用蒸湿机，也可以用原始方法，洒水在地上，注意不要洒在果蔬表面，或用盆或桶装水，用麻袋、布片浸水后挂在冷库中间（图 4－20）。

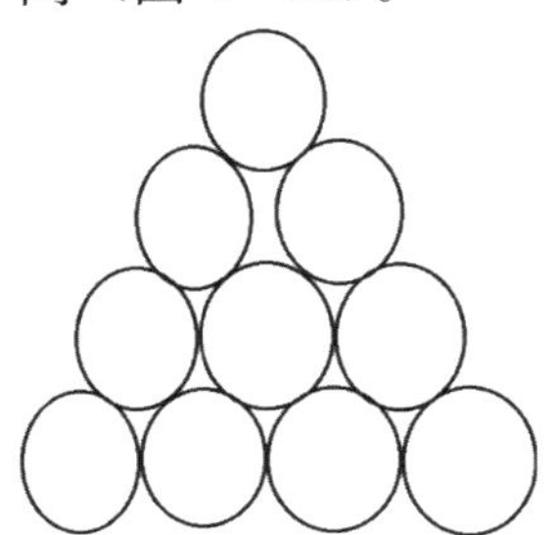

图 4－18　品字形堆码

图 4－19　一压四堆码

图 4－20　企业机械冷藏库地面洒水保湿

四、气调贮藏

气调储藏简单地说就是调节气体的贮藏。古代将荔枝装竹节中、民间使用瓦缸储存，窖藏等类似于气调。气调有两种模式，一是CA（controlled atmosphere)，控制气体，常指气调贮藏，控制产品周围的气体环境，选用的调节气体浓度一直受到处于稳定的管理。二是MA（modified atmosphere)，改善气体，采用与正常的空气不同的气体进行一次性置换，此后在贮藏期间不再进行调整，或采用自然气调的方法。

气调贮藏时，O_2、CO_2和温度要配合。一定的温度下，CO_2浓度＞0.3％可算CA，但温度越高，能耐受CO_2的能力就越低，所以气调贮藏室需结合上述三个条件。气体的组成和配比一般有3种方式：①双指标。高O_2、高CO_2，两者总和约21％，各约占10％。②双指标。低O_2、低CO_2，总和＜21％，此法应用较多。③单指标。只控制O_2浓度，降低O_2＜7％。CO_2全部用吸收剂吸去除，实际储存过程中CO_2因呼吸作用浓度会有所增加。

气调贮藏系统常见的有气调储存库、塑料薄膜系统等。气调冷藏库是固定的，如板栗可以采用如下方法：0℃预冷→40％ CO_2冲击处理10 d，强迫呼吸作用降低→气调储藏，CO_2浓度10％～15％，O_2浓度不低于3％。塑料薄膜系统是移动的，最简单，有如下几种：①塑料大帐（垛封法），适宜量最多不超过5 t，一般1～2 t较好（图4－21）。②塑料袋。材料使用PE、聚乙烯，毒性小、透气耐用。采用的方法为一次性置换，自然气调，属MA贮

1.充气孔；2.取气孔；3.抽气孔；
4.果箱；5.垫砖；6.大帐。

图4－21　塑料大帐

藏。作用是调节气体，防止交叉污染。放风管理，到一定时期 CO_2 达到一定浓度，可解开袋口通入新鲜空气。家庭储藏，5～12.5 kg 一袋，每隔一段时间解开袋口，进行空气流通。③砖窗集装袋。方法是在塑料薄膜上黏一层硅橡胶。硅橡胶的性能是控制 O_2 出去的速度慢，CO_2 出去的速度快，乙烯出去速度快。

五、常见果蔬储藏

（一）落叶果树果品储藏技术

落叶果树是指秋末落叶，第二年春天又萌发的果树，如猕猴桃、板栗、苹果、梨、桃、葡萄等。

1. 猕猴桃的贮藏工艺

猕猴桃的贮藏工艺：采收→预冷→防腐→贮藏。采收时间一般 9 月上旬—10 月上旬。成熟度判断可观察果实大小与形状，地上部分几乎停止生长，果实充分长大而未软化，口尝不涩口，TSS 6.5%～7.5%。预冷方法：强制空气冷却，冷库冷却，温度 1℃，冷藏 24 h 或 0℃，10～12 h。③水冷却，将果实于流水中冷却，约 25 min 可降温。防腐方法：①维生素 C 浸果，可抗氧化，保护果实的维生素 C。②保鲜剂浸果，果品外观色泽鲜艳，饱满，市场竞争力强。储藏方法：①冷藏。温度 0℃～1℃，要避免出现 −0.5℃，<−2℃可发生冻害。湿度 90%～95%。②气调贮藏。方法为低 O_2 低 CO_2 双指标，CO_2 5%、O_2 2%。气调系统可用塑料薄膜帐篷。③常温贮藏。温度 15℃～18℃，可保存 1 个月。

2. 板栗贮藏工艺

板栗蛋白质含量 4%～5%，维生素 B_1、维生素 B_2 丰富，维生素 C 含量多，血糖指数比米饭低。板栗贮藏工艺：采收→预冷→杀虫（防腐、防发芽）→贮藏。采收标准：栗苞由绿转黄并自动开裂，坚果呈棕褐色，全树有 1/3 球果开裂时采收。预冷，可堆在阴冷的地方 10 d 左右。杀虫方法：可将熏蒸剂倒入面积较大的浅器皿内，放栗子袋上面，关闭门窗，1～2d 可将虫杀死。防止发芽、防腐可用 GB2760 中允许使用的添加剂浸果。贮藏方法：①沙藏方法：在阴凉的地方铺上一层稻草，铺 7 cm 厚的细沙（可用稻糠或锯木屑代替），手捏成团，松手即散，一层栗子一层沙分层加入，比例为 1 份栗子 2 份沙。②冷藏，温度 0℃～2℃。③气调贮藏成本高。

（二）常绿果树果品贮藏技术

以柑橘类为例，柑橘类包含柑、橘、柚、柠檬、橙等，储存性能视品种而定。柑橘贮藏工艺：采收→预贮→防腐保鲜→贮存。采前切忌施氮肥，否则贪青不黄，影响糖类物质转运，口感不好，果实硬度降低，风味淡，不易贮藏。可施有机肥或钾肥，切忌采前灌水。采收成熟度判断，可选择固酸比等指标，如柑橘 7.5∶1、橙（10～12）∶1，如需长期储存，固酸比宜小，短期储存，固酸比大。颜色等指标可作为参考，如柑橘在果皮 2/3 转黄时采摘，采用一果两剪的方法。防腐保鲜可用国家标准允许使用的试剂。贮藏方法：堆码可使用品字形，果柄朝上，蒂朝下。单果包装的小袋规格可用 18 cm×13 cm，薄膜厚度 0.015～0.02 mm。①常温贮藏（温度不低于 0℃）：窖藏，窖口高于地面，防雨，窖以圆形比较好，方形有死角，有虫；土窖贮藏；普通库房贮藏，将柑橘放入果箱，果箱品字形堆放（图 4-22）。每堆不超过 500 kg，高不超过 7 层；湿沙贮藏，一层柑橘一层湿沙（或稻草、松针、果壳）；沟藏，于橘园开沟。②低温贮藏（冷藏库），温度 3℃～10℃，湿度 85%～95%。③气调贮藏，硅窗袋。④其他民间方法：草木灰贮藏、沼气贮藏、松针贮藏、小苏打浸泡贮藏（使用小苏打浸泡 1 min，沥干，塑料袋包装）、食醋浸泡贮藏（0.5 kg 食醋，50 kg 水，浸果 3～5 min，沥干，套上保鲜袋，装入垫有稻草的果筐）。

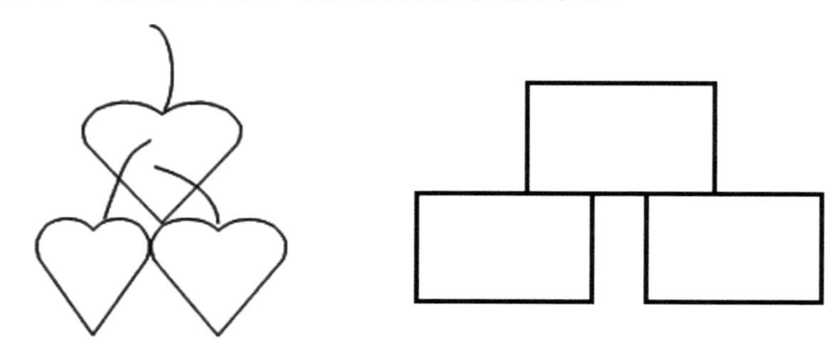

图 4-22　品字形堆码

GB2760—2014 中鲜果蔬菜可用添加剂如表 4-3、表 4-4、表 4-5、表 4-6、表 4-7。

表 4-3　鲜果蔬允许使用的防腐剂

单位：g/kg

防腐剂名称	食品名称	最大使用量
2，4-二氯苯氧乙酸（2，4-D）	经表面处理的鲜水果	0.1（残留量≤2 mg/kg）
	经表面处理的新鲜蔬菜	0.1（残留量≤2 mg/kg）

续表

防腐剂名称	食品名称	最大使用量
对羟基苯甲酸酯类及其钠盐（对羟基苯甲酸甲酯钠、对羟基苯甲酸乙酯及其钠盐）	经表面处理的鲜水果	0.012（以对羟基苯甲酸计）
	经表面处理的新鲜蔬菜	0.012（以对羟基苯甲酸计）
肉桂醛	经表面处理的鲜水果	按生产需要量使用（残留量≤0.3 mg/kg）
联苯醚（又名二苯醚）	经表面处理的鲜水果（仅限柑橘类）	3.0（残留量≤12 mg/kg）
山梨酸及其钠盐	经表面处理的鲜水果	0.5（以山梨酸计）
	经表面处理的新鲜蔬菜	0.5（以山梨酸计）
稳定态二氧化氯（ClO_2）	经表面处理的鲜水果	0.01
	经表面处理的新鲜蔬菜	0.01
乙氧基喹	经表面处理的鲜水果	按生产需要量使用（残留量≤1 mg/kg）

表 4-4 鲜果蔬允许使用的被膜剂

单位：mg/kg

被膜剂名称	食品名称	最大使用量
聚二甲基硅氧烷及其乳液	经表面处理的鲜水果	0.0009
	经表面处理的新鲜蔬菜	0.0009
吗啉脂肪酸盐（又名果蜡）	经表面处理的鲜水果	按生产需要量使用
松香季戊四醇酯	经表面处理的鲜水果	0.09
	经表面处理的新鲜蔬菜	0.09
紫胶（又名虫胶）	经表面处理的鲜水果（仅限柑橘类）	0.3
	经表面处理的鲜水果（仅限苹果）	0.4

表 4-5　鲜果蔬允许使用的抗氧化剂

单位：mg/kg

抗氧化剂名称	食品名称	最大使用量/（g/kg）
硫代二丙酸二月桂酯	经表面处理的鲜水果	0.2
	经表面处理的新鲜蔬菜	0.2

表 4-6　鲜果蔬允许使用的乳化剂

单位：mg/kg

乳化剂名称（润滑、抑菌作用）	食品名称	最大使用量
山梨醇酐单月桂酸酯（又名司盘 20）、山梨醇酐单棕榈酸酯（又名司盘 40）、山梨醇酐单硬脂酸酯（又名司盘 60）、山梨醇酐三硬脂酸酯（又名司盘 65）、山梨醇酐单油酸酯（又名司盘 80）	经表面处理的鲜水果	3.0
	经表面处理的新鲜蔬菜	3.0
氢化松香甘油酯	经表面处理的鲜水果	0.5
蔗糖脂肪酸酯	经表面处理的鲜水果	1.5

表 4-7　鲜果蔬允许使用的漂白剂

单位：mg/kg

漂白剂名称	食品名称	最大使用量
二氧化硫（SO_2）	经表面处理的鲜水果	0.05（最大使用量以二氧化硫残留量计）
焦亚硫酸钾（$K_2S_2O_5$）		
焦亚硫酸钠（$Na_2S_2O_5$）		
亚硫酸钠（Na_2SO_3）		
亚硫酸氢钠（$NaHSO_3$）		
低亚硫酸钠（$Na_2S_2O_4$ 保险粉、连二亚硫酸钠、次亚硫酸钠）		

第五章 果蔬原料的加工特性

第一节 果蔬中的风味物质

风味是风和味的综合，风（flavor）指嗅觉，味（taste）指口感滋味，风味物质即能呈现嗅觉和味觉的物质，即酸、甜、苦、辣、咸、鲜、涩和芳香物质。

一、甜味物质

甜味物质主要指可溶性糖。大部分的水果有甜味，部分的蔬菜也有甜味，是因为其中含有可溶性糖。可溶性糖种类主要有葡萄糖、果糖、蔗糖等。可溶性糖的变化趋势是：①在储存过程中总趋势是因呼吸消耗糖减少。②糖和淀粉可相互转化。如青豌豆在储存期糖可以转化为淀粉，甜味变淡。板栗在储存期淀粉可以转化为糖，甜味变浓。

二、酸味物质

酸味物质的种类主要有：①苹果酸，以苹果、梨中含量较多。②酒石酸，以葡萄中含量较多，葡萄酒的沉淀叫酒石，酒石酸酸味最强，且有涩味。③柠檬酸，以柑橘类水果、番茄中含量较多，酸味最纯正。④草酸，以叶菜含量较多。酸味物质的变化趋势：①在储存过程中因为呼吸消耗减少。②在成熟过程中会减少，成熟的果蔬酸味变弱。③加热过程中酸味增强。

三、涩味物质

涩味物质主要指单宁（鞣质）。涩味物质在加工中的不利之处是：①可与 Fe、Cu 结合，如葡萄酒用铁桶储存可能造成 Fe 与单宁反应生成黑色（或蓝色）沉淀，叫葡萄酒的黑色（或蓝色）破败病；Fe 与磷酸盐反应可生成白色沉淀，叫葡萄酒的白色破败病；可与蛋白质结合。②有涩味。涩味物质在加工中的优点：①可沉淀果汁蛋白质。②在皮革工业，能与生兽皮的蛋白质结合形成致密、柔韧、不易腐败又难以透水的皮革，具有涩味和收敛性，所以称为鞣质。③抗 HIV 病毒。过去对鞣质的认识较为片面，研究较少，一般认为是无用的杂质而将其除去。随着研究的深入，学术界逐渐发现鞣质具有诸多保健作用和药理活性，表现为清除活性氧、抗脂质过氧化、抗艾滋病病毒（HIV）和抗肿瘤等，因此鞣质在临床中逐渐受到重视。④柔韧血管。涩味物质的变化趋势是，果蔬生长成熟过程中，水溶性单宁变成不溶性的单宁，所以涩味减少。

四、鲜味物质

鲜味物质主要是含氮物质如氨基酸、肽等。果蔬中的含氮物质少，为0.2%～1.5%，但对果蔬加工品的风味非常重要，如氨基酸可以起到提鲜作用。

五、苦味物质

苦味物质主要指生物碱、苷类，如苦杏仁苷、茄碱苷等。苦杏仁苷曾被国外的一些营养学家称为维生素 B_{17}，这一命名未被世界学术界所公认。苦杏仁苷在化学上是苯甲醛和氰化物的化合物，有剧毒，加热后生成剧毒物 HCN。能使细胞氧化反应停止，引起组织窒息，严重者甚至死亡。在医学上可以用来治疗肿瘤，有抗肿瘤、抗溃疡、镇痛作用。存在于杏的种子等部位。果蔬加工中应避免将苦杏仁苷带入产品。

茄碱苷有毒而且有苦味，在酸和酶的作用下水解。存在于茄科植物，如茄子、番茄、辣椒、马铃薯等食物中。在没有成熟的茄子、番茄里面含有，但含量不超过0.02%，不会造成人体中毒；马铃薯正常薯块的茄碱苷含量不超过0.02%，对人畜无害，但薯块萌芽时，茄碱苷急剧增高，能引起不同程度的中毒。发芽的马铃薯不可食用和加工，特别是发芽的部位和绿色的部位。

黑芥子苷存在于十字花科植物，如萝卜、白菜、花椰菜、甘蓝、地菜子、辣根（不是辣椒的根，像姜）。性质：有苦味或辛辣味道，如萝卜有辛辣味，在酸和酶的作用下水解成芥子油。

橘皮苷存在于柑橘类果实里面，如橘子、柑、柚子，橘子酒、柚子皮蜜饯加工时存在橘皮苷脱苦的问题。

六、芳香物质

芳香物质含量极微但种类非常多，如梨有1000多种。芳香物质具有抗病、杀菌的作用，但对需要储藏的果蔬起到催熟作用。

第二节　色素物质

果蔬色素分为两类，脂溶性的叶绿素和类胡萝卜素；水溶性的花青苷、黄酮素（也叫花黄素）。果蔬呈现的各种色泽，是由多种色素综合显色的结果，随着果蔬生长发育阶段和产地环境的不同，颜色会发生不同的变化。

一、叶绿素

叶绿素为脂溶性色素，使果蔬呈现绿色，与同为脂溶性色素的类胡萝卜素共存于叶绿体中，当叶绿素被叶绿素水解酶分解，逐渐降解为无色后，果蔬绿色部分逐渐消失，呈黄色的类胡萝卜素则显露出来。

叶绿素和蛋白质结合，加热时蛋白质变性，叶绿素游离出来，在酸性条件下会转变成褐色的脱镁叶绿素。因此叶绿素应避免酸性环境长时间高温熬煮。有的果蔬加工品需要成品为黄色，则可以利用这一性质，将叶绿素破坏。

根据叶绿素及叶绿素酶的特点，果蔬加工护绿的方法主要有以下几种：一是烫漂。将绿色蔬菜，用热水进行烫漂，一般沸水 1～3 min 即可，热烫可使叶绿素水解酶失去活性，失去对叶绿素的水解作用，产品仍可保持其鲜绿色。二是用碱。绿色的主要成分是叶绿素，如果使用碱处理，把原料浸泡在碱溶液中，叶绿酸会和碱结合成鲜绿色的叶绿素盐，使产品保持较好的绿色。碱可用 CaO 的上清液。三是使用着色剂叶绿素铜钠盐或钾盐。铜可以置换其中的镁，和叶绿素结合牢固。根据 GB2760—2014《食品安全国家标准　食品添加剂使用标准》中蔬菜罐头、熟制豆类、加工坚果、饮料类（仅限使用叶绿素铜钠盐）、配制酒、果冻的最大使用量均为 0.5 g/kg，果蔬汁（浆）类饮料按生产需要量使用。

二、类胡萝卜素

类胡萝卜素果蔬原料中的另一大类脂溶性色素，表现为黄橙色调，主要存在于黄色、红色等食品中，如胡萝卜、番茄、红心红薯、芒果等，主要由 α-胡萝卜素、β-胡萝卜素、γ-胡萝卜素、番茄红素、叶黄素等组成，其中有些类葫芦素在人体内能转化成维生素 A，因此类胡萝卜素也叫作维生素 A 原，β-胡萝卜素转换率最高。

三、花青素

花青素为维生素 P 的组成成分，是水溶性色素，常使水溶液呈现颜色，如葡萄、荔枝、枸杞、杨梅等的颜色主要为花青素。花青素的生成需要光照，背阴处受到影响，因此商家常利用这一特性遮阴以使果蔬形成特色的图案。花青素在不同的环境中显色效果不一样，一般表现为酸性条件下为红色，碱性条件下为蓝色，中性条件下显示紫色。可利用这一性质鉴别果蔬（如花生）是否人工染色。使用酸、含硫防腐剂等违规浸泡荔枝，以使本来成熟度不够、颜色不够红的荔枝皮更鲜艳，保存期更长，也是利用了上述花青素的性质。做农产品质量安全检测时，酸可以使用特征离子进行检验，如 HCl 的定性检验使用 $AgNO_3$，利用银离子与 Cl 反应，检测是否生成白色沉淀，硫酸检验使用 $BaCl_2$，检验是否生成白色沉淀 $BaSO_4$，含硫防腐剂检验使用国家标准方法蒸馏滴定法测定即可（图 5－1、图 5－2）。

图 5－1　清水浸泡枸杞显色

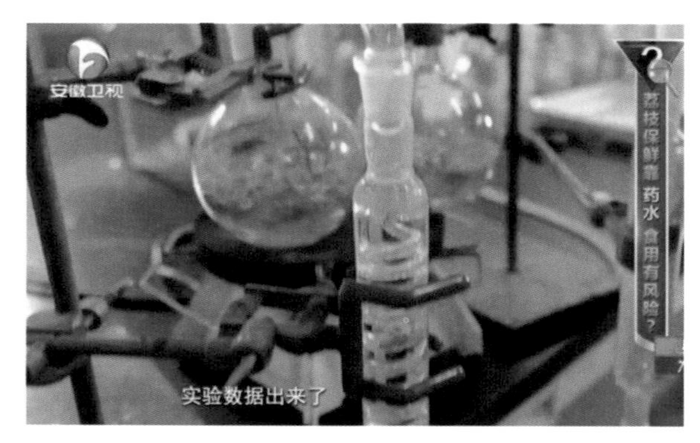

图 5－2　本实验室检测荔枝（安徽卫视播出）

四、花黄素

花黄素又叫黄酮素，如绿茶汤色的黄色主要为花黄素，当然茶叶由于加工还会产生茶黄素、茶红素、茶褐素等，也是水溶性色素。

第三节 质地物质

一、水分

水果和蔬菜中的水分含量非常高，能够达到70%以上；冬瓜、黄瓜、西瓜等含水量可高达90%以上，故制成干制品，得率较少。黄瓜含水量高，热量低，含有大量矿物质、果胶类物质、维生素、细纤维素等，能促进肠道健康，润滑肠道，促进腐败食物的排泄，降低胆固醇的吸收等。新鲜黄瓜中还含有丙醇二酸（2-羟基丙二酸），可以抑制糖类物质转变为脂肪，因此常作为减肥食品的原料，也可作为糖尿病人的替代水果。水果中的香蕉水分含量很少，故香蕉常被加工成香蕉片。

水分能使果蔬饱满，保持一定的膨胀力，并维持果蔬的一系列生理代谢活动，但水分也是微生物生长和酶活动的有利因素，因此果蔬储存和加工应合理平衡水分含量，加以控制。

二、纤维素、半纤维素

纤维素、半纤维素对果蔬主要起支撑作用，是植物细胞壁的主要构成成分，在水果的皮和蔬菜的根部含量较高。在营养上，由于纤维素、半纤维素不被消化吸收，因而可以刺激肠道蠕动、增加粪便体积、润肠通便等功能，因此膳食纤维被建议为除水、蛋白质、脂肪、碳水化合物、维生素、矿物质外的第七大类营养素。但在加工中常使产品出现浑浊、影响口感，应合理应用。

三、果胶类物质

果胶类物质包括原果胶、果胶、果胶酸等。还没有成熟的水果硬，熟了变软，原因主要是不溶性的原果胶变成了可溶性的果胶和果胶酸。水果在没有成熟时是以不溶性的原果胶存在，不溶于水，而且有很强的黏性，可以使细胞结合得比较紧密，所以感官上是硬的。随着水果成熟，原果胶在原果胶酶的作用下变为果胶，果胶是溶于水的，而且还没有黏性，所以细胞黏结在一起的力量减弱了，变软了。太熟了，果胶转变成果胶酸甚至半乳糖醛酸，叫作烂熟。水果以果胶为主说明达到了成熟；以果胶酸为主，说明不适合储存了。原果胶→果胶→果胶酸→半乳糖醛酸。

在果蔬加工过程中某些品种的加工品需要保持其形状和脆度，保脆方法可用钙（CaO、$CaCl_2$），如冬瓜糖使用石灰水浸泡能较好地保持产品的硬度（图 5－3）。原理是 Ca 与果胶酸形成果胶酸钙能保持产品的脆度。

图 5－3　硬化过的冬瓜糖

第四节　营养物质

蔬菜、水果主要提供矿物质、维生素、膳食纤维等。碳水化合物种类多，各种碳水化合物如单糖、多糖、低聚糖、果胶、纤维素等。维生素主要提供维生素 C 和维生素 A 原，即类胡萝卜素。如刺梨、猕猴桃等富含维生素 C，猕猴桃的维生素 C 含量在水果中名列前茅，被誉为“维 C 之王”。果蔬矿物质含量丰富，是高钾低钠食品。营养物质的变化趋势是：在储存过程中总的趋势是减少，储存和加工不能增加营养。中国居民膳食指南推荐正常人体每日摄入的蔬菜为 300～500 g，水果为 200～350 g（图 5－4）。

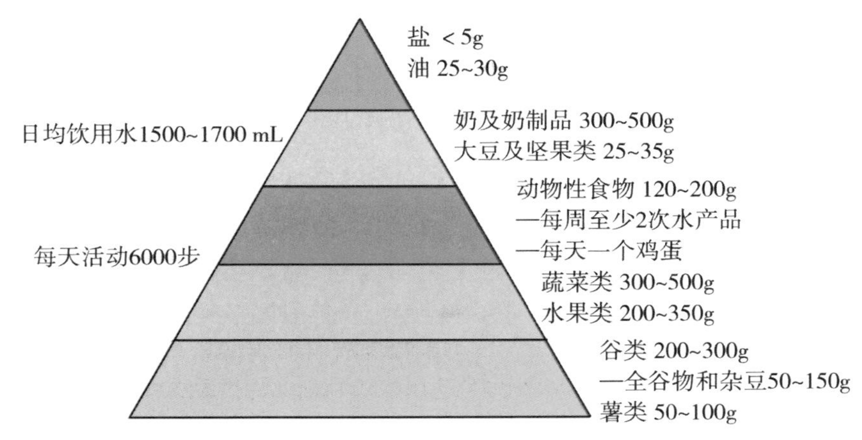

图 5-4　中国居民膳食宝塔（根据中国营养学会公布的 2022 版中国居民膳食宝塔绘制）

第六章　果蔬加工基础

第一节　果蔬加工品的种类和特点

一、罐制品

罐制品即通常说的罐头，是原料经处理后加入合适的汁液装罐，经排气、杀菌后形成的真空、密封、无菌状态。果蔬罐头有糖水罐头、盐水罐头等，一般水果适宜加工成糖水罐头，蔬菜通常加工成盐水罐头，或者做成清水罐头，如清水蘑菇罐头；另外果酱、蜜饯、腌制品、果汁等也可以采用罐头包装，罐头杀菌密封以后可以保存1～2年（图6－1）。

图6－1　实验室加工的各类罐头

二、干制品

干制品是将果蔬原料脱水而制成的产品，如葡萄干、萝卜干、笋干、柿饼等，由于干制品体积小、重量轻，方便储存和运输。干制品是储存半成品的一种重要方法，能解决果蔬原料供应的季节性矛盾。干制可以采用自然条件或人工控制条件，如柿饼基本为自然干制，糖过饱和以后在低温下重结晶形成表面白色的霜，叫返砂；香蕉干不宜自然干制，适于真空冷冻干燥（图6-2）。

图6-2 传统干制品

三、汁制品

汁制品是将果蔬原料经破碎、压榨或浸提所得到汁液进行调配、杀菌、包装等工序而制成的产品，汁制品色泽诱人、易消化、营养价值高，如胡萝卜汁，β-胡萝卜素不仅是脂溶性色素，也是维生素A原；芹菜汁，叶绿素含量高，有助于降血压等。

四、糖制品

糖制品是将果蔬原料经糖渍或糖煮等工艺而制成的产品，含糖量一般50%以上，有蜜饯（图6-3）和果酱两类。糖制品属于高糖的食品，现代人们追求健康，高糖制品不利于预防富贵病。对糖制品进行改进，低糖化是糖制品的趋势。糖制品种类多，例如金钱橘是返砂蜜饯，北方蜜枣是不返砂的蜜饯，橄榄、话梅等属于凉果话化类。

图 6－3　蜜饯（糖姜片、冬瓜糖）

五、腌制品

腌制品是蔬菜的传统加工产品，是利用食盐的保存原理，使果蔬发生一系列的化学反应产生特定风味而制成，其原料主要是蔬菜，水果比较少。我国加工腌制品历史悠久，大都采用手工居多，如传统泡菜、咸菜等，基本上采用手工操作。

六、酿造制品

酿造制品是将果蔬原料利用微生物发酵而制成的产品，主要包括果酒和果醋，如葡萄酒、橘子酒等；果汁也可用于加工食醋，如苹果醋等。

七、速冻食品

速冻食品也叫 3F 食品、fast frozen food。速冻制品最大限度地保持了鲜果蔬的色香味和营养价值，可以作为后续加工的半成品原料，如冻干草莓等，可直接加工成草莓酱或草莓汁等加工品。

八、最少加工制品

最少加工制品也称为 MP 制品（minimal process），这类制品采用最简单的保鲜或加工工艺，一般对其进行清洗、消毒、切分、包装等，使产品获得一定的保存期，最大限度地保存原料的鲜食品质，如鲜切蔬菜（半成品菜）、净菜（新鲜消毒蔬菜）等。

九、果蔬脆片

果蔬脆片是指利用油炸技术、膨化技术等工艺制成的一类口感酥脆的产品。其质量轻、口感佳，深受喜爱，是休闲食品中的佼佼者，被称为“二十一世纪食品”。

第二节 果蔬加工用水

不管是生活用水还是工业用水，一般来源于地表水或地下水，都不能直接满足食品工业要求，食品工业用水必须符合 GB 5749—2006《生活饮用水卫生标准》。

果蔬加工用水包括以下几种：①与食品直接接触的水，用来清洗原料、容器、煮制、冷却、浸泡，调制糖或盐溶液。②清洗用水，如加工设备、厂房和员工的个人卫生。③锅炉用水。

水质对加工品质具有一定的影响：①水中有害物质影响加工品安全，如致病菌、虫卵、硝酸盐、亚硝酸盐等。②水中金属离子影响加工品质量，如 Fe 会有铁锈味，Fe 与单宁生成有色物质，Cu 可加速维生素 C 的氧化。③水中其他离子，如 S 可与蛋白质结合产生 H_2S，还会腐蚀金属容器，和铁生成黑色物质。④水的硬度对果蔬加工存在影响，加工蜜饯和泡菜、干制品要用硬水比较好，硬度太小影响脆性。因为 Ca 可以和果胶酸结合变成果胶酸钙，不溶于水，可以增加食品的硬度，且加工泡菜采用硬水，微生物生长得更好。但果汁、果酒最好是用软水，如果汁、果酒用水硬度过大，其中的 Ca、Mg 会与有机酸生成沉淀；锅炉用水最好用软水，否则容易发生爆炸。

果蔬加工用水应符合生活饮用水卫生标准 GB5749，该标准从 2007 年上半年开始实施，若达不到标准可以用于清洗，但也有可能会污染食品。水质要求感官方面没有异味，不能含有肉眼可见物，色度不能超过一定值，浑浊度不能超过规定限值等。化学指标，如 pH 值在 6.5～8.5，pH 低说明水质污染严重，不符合要求必须净化。总硬度不要超过 250 mg/L（即 25 度）；1 L水中含 CaO 10 mg 即为 1 度。软水为 8 度以下的水，硬水为 16 度以上的水，中等硬水为 8～16 度的水。所以用水一般不用海水和污染严重的河水，可以用井水、泉水、湖水。井水含有的 Ca、Mg 离子比较多，对腌制品比较好，但对某些加工品不利，可以用离子交换吸附。离子交换吸附用的材料是高分子的树脂，带不同的电荷，阴离子交换树脂带负电荷，阳离子交换树脂带正电荷，其上附有的 H^+，可以和钙、镁进行交换，然后用 HCl 处理树脂再把 Ca、Mg 离子释放出来，可以重复利用。其他如毒理学指标如 As、Hg 等有严格要求。细菌学指标包括细菌总数、大肠菌群数等均应符合要求。

水消毒目的是杀死水中致病菌和其他有害微生物，防止传染病，不能彻底杀死所有微生物和芽孢。消毒方法有：①氯消毒法：操作是在水里面直接充入 Cl_2 或加入含有氯的化合物比如次氯酸钙。含氯化合物有漂白粉、NaClO、氯胺等。消毒原理：HClO 是中性分子，可以扩散到细菌表面并且穿过细菌的细胞膜进入细菌内部，氯原子的氧化作用破坏了细菌的某种酶，最后导致细菌死亡。HClO→HCl+［O］，［O］的活性很强，可以氧化水里面的微生物，从而失去活性。②臭氧消毒法。原理是 $O_3 \rightarrow O_2 + [O]$，利用［O］杀菌。该法不仅杀菌，还可以增加水中的 O_2，使水更新鲜。③紫外线消毒法：紫外线照射微生物以后，使微生物细胞内分子结构发生变化而导致其死亡。紫外线不会影响水的理化性质，杀菌速度快，效率高，不会产生异味，但紫外线没有穿透能力，仅对表层物质有杀菌作用。需要的设备为紫外光源，如紫外灯。

$Ca(ClO_2) \rightarrow Ca(OH)_2 + HClO + CaCl_2$

$NaClO + CO_2 + H_2O \rightarrow NaHCO_3 + HClO$

NH_2Cl（氯化铵）$+ H_2O \rightarrow HClO + NH_3$

$NHCl_2$（二氯化铵）$+ H_2O \rightarrow HClO + NH_2Cl$

NCl_3（三氯化铵）$+ H_2O \rightarrow HClO + NHCl_2$

第三节　果蔬加工前的原料处理

一、果蔬加工前的贮存

新鲜原料储存的目的是保鲜，短期储存可于阴凉、干燥通风处堆码摆放，长期储存宜使用冷藏库或气调储存库等。果蔬原料经过预处理后称半成品。半成品的贮存方法有：①盐腌贮存。加盐储存的方法使用非常普遍，可以用大颗粒的粗盐，粗盐无精制，除了 NaCl 外，还有 Ca、Mg 等，有硬化保脆的作用；短期储存也可用盐水，将原料用浓度高的食盐溶液浸泡，腌制成盐胚，可以长期储存，高浓度的食盐溶液具有较高的渗透压，能降低水分活度，从而抑制微生物和酶的活性，达到长期保存的目的（图 6－4）。腌制的方法分为干腌和湿腌。干腌适用于成熟度高的原料。一般用盐量为原料的 14%～15%。腌制时，应分批拌盐，分层入池，一层原料一层盐，充分拌匀，铺平压紧。下层用盐量少，由下而上逐层加多，表面用固体盐覆盖以隔绝氧气，防止霉变。腌制一段时间后果蔬水分渗出，可进行翻拌，将底层原料移至顶层，吸取盐水浇淋表面，也可盐腌一段时间以后，取出晒干或烘干作保存为干胚。盐水腌适合于成熟度低的果蔬原料。一般配制 10%～15%的食盐溶液将原料淹没，便能长期保存。②低温储存。有冷藏库可以使用低温储存，但费用高。③干制储存。干制品体积小、重量轻，是储存半成品的重要方法，如鲜萝卜容易空心，不好储存，晒干后容易储存，加工时再复水，干制方法可以自然晒干，农田操作。加工萝卜干宜选用长条形萝卜，同样重量瘦长形萝卜比矮胖形含更多的表皮，产品更脆（图 6－5）。④防腐剂处理储存。

果实用二氧化硫或亚硫酸氢钠等含硫盐处理是保存加工原料另一有效而简便的方法，还可以使用防腐剂如山梨酸钾、苯甲酸钠等。二氧化硫作为食品添加剂中的漂白剂、防腐剂，能破坏氧化酶和水解酶的活性，从而抑制酶促反应，防止果蔬品质劣变。且二氧化硫或含硫盐具有漂白作用，较好地护色。还能防止维生素 C 的氧化造成营养损失和感官变色。但含硫漂白剂及防腐剂苯甲酸钠等在产品中残留过多，对人体健康会造成威胁，若后续加工不经破碎或高温煮沸等工艺，产品比较难以排除，会有较多的残留。因此一般适用于果脯、蜜饯、干制品、汁制品、果酱等的加工。使用量应考虑后续加工工艺及最大残留量，使其符合 GB2760—2014《食品安全国家标准 食品添加剂使用标准》的规定。

图 6－4 辣椒盐坯胚

图 6－5 萝卜选购比较

二、果蔬加工前处理

（一）原料的分级

原料的分级有的在加工前分，有的在加工后分，分级方法有手工和机械，如橘片爽，通常采用人工按橘片的大小进行分级；蘑菇一般用专用的分级机。苹果分级不同国家和地区都有各自的分法和标准，某些国家主要按色泽、大小将果品分成超级（ExtraFancy）、特级（Fancy）、商业级（Commercial）、商业烹饪级（Commercial Cooker）和等外级（Small - One）。我国一般是按果形、色泽、果梗、果锈、鲜度、果面缺陷、刺伤、碰压伤、果径等方面进行分级。GB/T 10651—2008《鲜苹果》将苹果分为优等品、一等品、二等品。优等品和一等品果径为：大型果≥70 mm，中小型果≥60 mm，二等品大型果≥65 mm，中小型果≥55 mm。目前关于鲜苹果等级的标准还有 NY/T 268—1995《绿色食品苹果》、NY/T 1075—2006《红富士苹果》等（图 6 - 6）。

图 6 - 6　企业滚筒分级

（二）原料的清洗

清洗的目的主要是除去泥沙、灰尘、一些微生物和一些农药残留。食品加工厂一般用机器清洗，有些比较脆弱的用手工，如杨梅、草莓等。清洗用水中若使用化学药剂如 HCl（0.5%～1%）、$KMnO_2$（0.1%）、NaOH（1%）等，应根据相关规定考虑残留量的问题，不得超标使用（图 6－7、图 6－8）。

图 6－7 果蔬自动清洗

图 6－8 车间桃淋洗

（三）原料去皮

有的果蔬需要去皮，有的不要去皮，有些皮可食用但是为了加工美观需要去除。

1. 人工去皮

人工去皮一般使用去皮刀具，对于果形不完整，大小不一致的原料较为适用，但人力成本高、效率低，可以作为机械去皮的辅助方法，某些果蔬以人工去皮为主，如柑橘，一般用手工剥皮，也可以先在开水里面热烫，再结合手工。

2. 机械去皮

机械去皮效率高，目前有旋皮机、擦皮机、特种去皮机等。旋皮机适于大型果蔬及果形较为完整、规则的原料，如苹果有机械削皮机。土豆可使用擦皮机，其机器内壁比较粗糙，利用摩擦力将果皮擦除。

3. 碱液去皮

碱液去皮广泛用于果蔬加工，利用碱的腐蚀作用去除果皮或囊衣等。橘子罐头加工一直采用酸碱处理法，控制碱液的浓度和温度及其时间三个关键参数：碱浓度、碱温度、处理时间。橘子罐头：一般用低浓度碱浸泡 20 min 左右（0.4%可不加热，0.2%加热）。桃、李有缝合线的不适宜用机械去皮，可以用碱液去皮，将碱液烧开，短时间淋碱液（图 6－9、图 6－10、图 6－11、图 6－12）。

图 6－9　企业陈列橘子罐头

图 6－10　用碱液去皮后的橘瓣

图 6－11　碱法去皮加工的橘子罐头

图 6－12　黄桃去皮淋碱车间

4. 酶法去皮

酶法去皮主要利用果胶酶的分解作用，将果胶去除，这种方法生产的产品安全系数高，但酶作为一种蛋白质本身的活性受到诸多因素的影响，其浓度和时间也不便控制，工业化生产还存在难点。

5. 热力去皮

某些果蔬其果肉较为脆嫩，不适宜机械去皮和碱法去皮，可采用热力去皮，将其短时间内加热，使果皮裂开与果肉分离。如番茄去皮不宜用碱，也不宜人工或机械削皮，可以用沸水热烫，再投入冷水中，利用温差热胀冷缩去皮。或使用蒸汽加热，如芋头蒸熟后容易剥皮，红薯、土豆也类似。工业化生产可使用传送带在沸水槽中进行（图 6－13）。

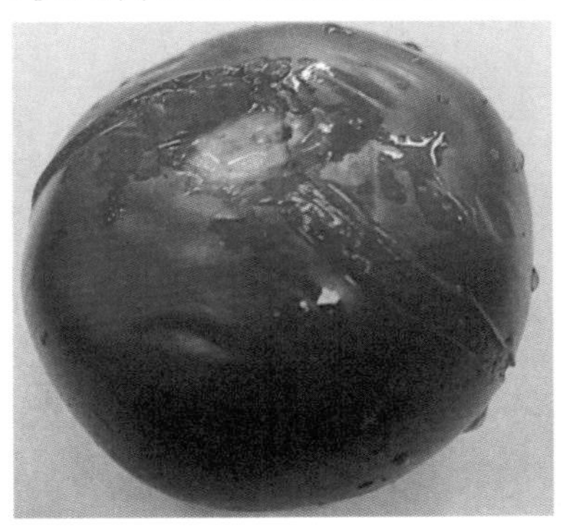

图 6－13 番茄去皮

6. 冷冻去皮

将果蔬置于－28℃～－23℃温度，并与冷面短暂接触，果皮突然受冻而粘连，与果肉剥离。这种方法费用高。

7. 真空去皮

将果蔬置于真空室内，使果实内的液体“沸腾”，皮肉分离，消除真空后用水冲洗或搓洗、搅动即可去皮。

（四）去核、去心

去核去心可以全人工，也可以借助专用设备，一般有挖核器和捅核器等。对于苹果、梨、桃子等仁果类，可先剖开，再用挖核器剜掉。对于红枣、山楂等小形果蔬可以使用捅核器；不需要保持外形的红枣可使用去核机，滚筒挤压，如需保持外形采用人工捅核。另外，桃子可用劈桃机。如黄桃罐头制作中需先经车间剖桃、挖核工序，将桃子切割成两半后，再用挖核器人工挖核（图 6－14、图 6－15、图 6－16）。桃子核的状态有两种：离核的和黏核的。罐头加工宜选黏核的，离核的桃留下的果肉有核的纹路，有颜色，黏核的去核时可把纹路带走。

图 6－14　企业车间剖桃操作

图 6－15　车间桃分瓣

图 6－16　企业车间正在进行黄桃挖核

（五）破碎

一些大型的蔬菜要切分，制作果冻、果泥等需要将原料破碎。切分的一般原则是全切条或全切片，厚薄要均匀（图 6－17、图 6－18、图 6－19）。

图 6－17　车间黄桃切条

图 6－18　黄桃切条辅助设备

图 6-19 黄桃装罐

（六）抽空处理

对于不耐热的果蔬原料，不适宜烫漂护色，可以使用抽空的方法去除果蔬周围或内部的空气，抑制酶的活性，防止酶促褐变。对于比较硬的食品可以直接抽气，干抽；对于比较软的食品放在盐水或糖水里面，如使用5%～10%的糖水、2%的食盐+0.2%柠檬酸 10～50 min 抽空。

（七）硬化处理

硬化也就是原料的保脆，其原理是利用果胶类物质和 Ca 离子结合生成不溶于水的果胶酸钙，果肉组织变得坚硬，如冬瓜糖煮 20 min 容易软烂（图 6-20）。硬化的方法是用石灰水（CaO、$Ca(OH)_2$、$CaCl_2$）的澄清液，最少浸泡 4 h，一般需 12 h。脱钙使用清水浸泡 12 h，2～3 h 换一次水。

图 6-20 冬瓜条硬化

（八）烫漂

方法是将原料用沸水热烫 1～3 min，或使用热蒸汽烫漂。

烫漂的作用有：①酶促褐变导致果蔬变色，使用高温抑制或灭活氧化酶，可以起到护色作用。②热烫可改变果树原料组织结构的通透性，软化组织便于后续操作，如冬瓜糖加工，用沸水煮几次，便于糖分渗透。③加热可排除果蔬原料中的气体，从而防止氧化作用，保持较好的色泽。④热烫可将单宁等苦涩味物质或其他不良气味物质去除。⑤杀菌作用，还可以杀死部分微生物和虫卵。

烫漂的方法：可以用开水或蒸汽烫漂。烫漂参数：温度、时间是最主要的两个参数，依据是使过氧化酶失活，原料所切的大小、厚薄不一样，使酶失活所需要的温度和时间也不一样。优先选择温度最高、时间最短的时间。

注意事项：烫漂完了后要马上冷却，时间越短，组织软化程度越低，若时间过长会造成果蔬软烂。

（九）护色

使原料的颜色发生不良变化的几种原因有：①酶促褐变。②非酶褐变（主要是羰氨反应、焦糖化反应、维生素C的氧化），烤鸡上糖液、月饼刷蛋液均利用了非酶褐变。③色素物质变色。果蔬色素分为两类：脂溶性的叶绿素和类胡萝卜素、水溶性的花青苷和黄酮素。④金属变色。如单宁和铁反应生成黑色或蓝色物质等。

果蔬去皮和切分后，原料中的酚类物质在氧化酶、过氧化酶的作用下被氧化变成黑色素，使产品呈现褐色，称为酶促褐变。这种褐变会影响制品的外观、风味和营养。该反应关键要有酚类底物、酶和氧气，三者缺一不可，加工中只需去除某一条件或者抑制某一条件，即能防止褐变发生。因此防止酶促褐变可从以下三方面着手：①选择单宁、酪氨酸等酚类物质含量少的加工原料如番茄、草莓、柑橘类。但实际生产中一般原料的多酚类底物不可能去除，可以从隔绝氧气和抑制酶活性着手。②钝化酶活性是防止酶褐变的重要措施。③控制氧的供给，隔氧去氧。可用物理方法创造缺氧条件，如抽空，把原料组织中的空气或周围空气排除，也可以加入维生素C等抗氧化剂防止酶褐变。常用的控制氧气的方法为：真空抽气、抽气充氮、添加去氧剂等。

综上所述，抑制酶促褐变需控制反应条件：酶、氧、底物（多酚类物质）。具体护色方法如下：①热烫去酶。这是最简单的方法，用沸水处理3 min，迅速冷却，可以灭活氧化酶的活性，从而防止酶褐变，起到很好的护色作用。②用食盐水浸泡。常规可使用1%～2%食盐水。食盐水里面溶解的氧较少，一定程度上起到了去氧的作用。食盐水形成高渗透压可抑制氧化酶的活性。在工业生产上也可用氯化钙溶液浸泡原料，也能具有护色作用，钙离子与果胶类物质作用还能增加产品的硬度。③硫处理。硫可以抑制酶的活性（二氧化硫、$NaHSO_3$等），可防止氧化变色。GB2760 中这类化合物主要作为漂白剂，兼具防腐等功能，国标允许使用的含 S 漂白剂为二氧化硫、焦亚硫酸钾、焦亚硫酸钠、亚硫酸钠、亚硫酸氢钠、低亚硫酸钠（也叫连二亚硫酸铵、保险粉）。熏硫或者浸泡在含硫溶液中。例如黄花菜可使用烫漂＋$NaHSO_3$喷洒处理。各类果蔬产品允许使用的硫类漂白剂最大量如表 6－1。④柠檬酸处理。使用 1％柠檬酸浸泡，柠檬酸可螯合金属，从而降低金属对果蔬物质的氧化变色作用。柠檬酸在添加剂中属于酸度调节剂，也是柑橘类果实中大量存在的一类天然物质，安全性高。⑤维生素 C 处理。维生素 C 是一种抗氧化剂，可消耗氧气，抗氧化，常规可使用 0.5％浓度。家庭日常榨果汁可使用沸水加维生素 C 的方法，保持果汁的正常色泽（图 6－21、图 6－22、图 6－23）。

表 6－1　果蔬制品允许使用的漂白剂及其用量

食品名称	最大用量（以二氧化硫计）
干制蔬菜	0.2 g/kg
蜜饯凉果	0.35 g/kg
表面处理的鲜水果	0.05 g/kg
水果干类	0.1 g/kg
干制蔬菜（仅限脱水马铃薯）	0.4 g/kg
腌渍的蔬菜	0.1 g/kg
蔬菜罐头（仅限竹笋、酸菜）	0.05 g/kg
干制的食用菌和藻类	0.05 g/kg
果蔬（浆）	0.05 g/kg，浓缩果蔬汁（浆）按浓缩倍数折算，固体饮料按稀释倍数增加使用量
果蔬汁（浆）类饮料	0.05 g/kg，浓缩果蔬汁（浆）按浓缩倍数折算，固体饮料按稀释倍数增加使用量
葡萄酒	0.25 g/L，甜型葡萄酒及果酒系列产品最大使用量为 0.4 g/L，最大使用量以二氧化硫残留量计
果酒	0.25 g/L，甜型葡萄酒及果酒系列产品最大使用量为 0.4 g/L，最大使用量以二氧化硫残留量计

图 6-21　梨浆护色效果

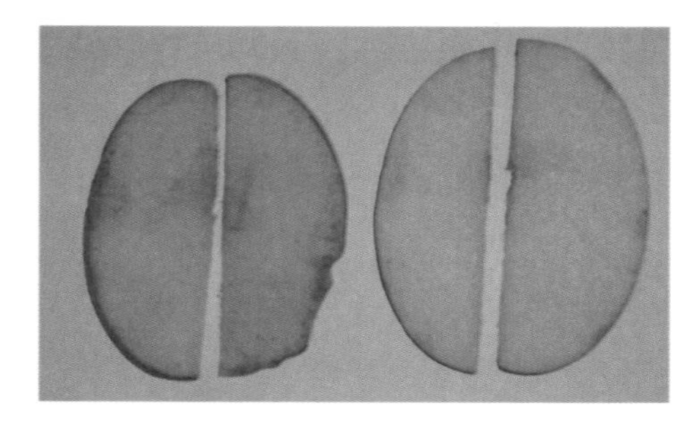

图 6-22　鲜果片护色效果（左为对照，右为护色剂浸泡）

图 6-23　家庭榨汁（苹果）护色效果

果蔬放久了会变黄是因为绿色果蔬中的叶绿素，被叶绿素水解酶分解，降解为无色，果蔬绿色逐渐消失；由于类胡萝卜素与叶绿素同为脂溶性色素，共存于叶绿体中，当叶绿素被水解为无色后，呈黄色的类胡萝卜素显露出来，使果蔬变为黄色。护绿措施主要有：①烫漂（图 6－24）。②用碱（图 6－25）。③用叶绿素酮钠盐或钾盐，铜置换其中的镁。具体操作详见第五章“色素物质”。

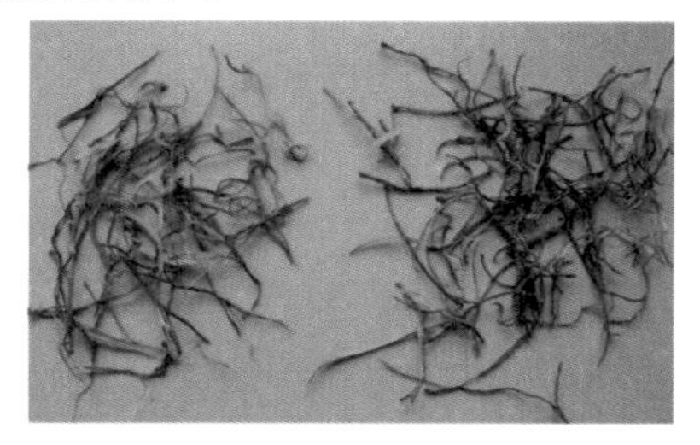

图 6－24　芹菜秆护绿效果（右边清水烫漂）

图 6－25　石灰水烫漂护绿效果

第七章 果蔬罐制品加工技术

第一节 罐藏的原理

罐头食品借助三个罐藏条件来长期保存食品。一是杀菌，杀死微生物，罐头食品的杀菌是商业杀菌，即杀灭能引起疾病的致病菌和能导致罐头腐败变质的腐败菌，达到商业无菌状态。商业无菌是指食品经过湿度热杀菌后，不含致病性微生物，也不含有在通常温度下能在其中繁殖的非致病性微生物的状态。罐头食品热杀菌时也破坏了酶的活性，加热对食物也有一定的烹调作用，能增进食品的色香味。二是排气，隔绝氧气，阻止好氧微生物的生长，同时阻断氧化酶的生理活动，防止氧化变色，应合理采用排气工艺。三是密封，使之不受外界的污染，外界微生物不能进入罐头内（图 7－1）。

图 7－1 罐头产品（塑料瓶装为企业陈列产品，玻璃瓶装为实验室加工橘子罐头）

一、罐藏食品的杀菌要求

由于霉菌和酵母的生长活动都需要氧，而罐藏食品具有真空度，隔离了外界空气，因此霉菌和酵母无法生长，罐头食品杀菌的对象主要考虑杀灭细菌。杀菌的方式有以下几种：①高压杀菌，对需要杀灭微生物芽孢的食品宜采取高温高压杀菌，一般参数为 121℃，30 min。②常压杀菌，含盐较高的果蔬产品、pH4.5 以下的产品可以使用该类杀菌法，可置于 100℃沸水中杀菌 10～15 min。③巴氏杀菌，适于含酸量高（pH3.7 以下）不耐高温的产品，通常 65℃～95℃，10～30 min。

二、细菌类型

大部分果蔬加工品属于酸性食品，因此使用常压杀菌或巴氏杀菌即可（表 7－1）。

表 7－1　细菌类型及适用的杀菌方式

	pH 值	主要细菌	杀菌方式
低酸性食品	＞5	致黑羧状芽孢杆菌（产 H_2S）	121℃高温灭菌
中酸性食品	4.5～5	肉毒梭菌	121℃高温灭菌
酸性食品	3.7～4.5	酪酸羧状芽孢杆菌 转化芽孢杆菌	巴氏杀菌 常压杀菌
高酸食品	＜3.7	一般细菌不生长	巴氏杀菌

三、杀菌方式

食品杀菌公式可以表示为$\frac{T_1-T_2-T_3}{t}$。

t：温度，大部分果蔬罐头可在 65℃～100℃范围。

T_1：升温时间，果蔬罐头应尽快升温，可设置为 5 min。

T_2：保温时间，10～30 min。

T_3：降温时间，果蔬罐头应尽快降温，可设置为 5 min。

四、罐藏的容器

果蔬罐头可使用以下材料：①玻璃罐。目前使用较多，传统罐头常采用卷封式。旋转式适合于橘子罐头、果酱罐头等，主要有四旋瓶、六旋瓶，造型各异，深受欢迎。压入式玻璃罐类似汽水、啤酒瓶，操作简便，开启方便。②马口铁罐。如月饼罐、铁茶叶罐等，马口铁罐耐高温高压，易于工业化生产，适合外销产品，但缺点是封罐后看不到内容物，且罐体重复利用性差。③铝合金罐。该类罐头质量轻、运输方便，但做大型罐头时抗压力弱，容易变形。④软包装。即蒸煮袋，可杀菌袋，因其便于运输、存放、传热快，应用广泛，尤其适合休闲小食品包装。目前蒸煮袋主要有普通透明款、透明隔绝款、铝箔隔绝款、高温杀菌款等。

第二节　罐头加工工艺

一般罐头的加工工艺为：原料处理→装罐→预封→排气→杀菌→冷却。

一、装罐

空罐应清洗干净，有条件应尽量灭菌，不宜在空气中暴露过长时间。装罐注意事项：①先装固形物再装填充液。②预留 4～8 mm 顶隙，防止装太满热胀冷缩导致假胀。③固形物应装满至预留顶隙处，否则固形物会出现“游泳现象”（图 7－2）。④装罐应迅速及时，以免污染较多杂菌。⑤水果罐头填充液一般为糖液，蔬菜罐头一般为盐液。⑥液体趁热装罐，有利于排出冷空气。

图 7－2　“游泳”的橘子罐头

填充液配制，首先浓度的确定，需要计算。以糖水为例，一般果蔬罐头要求开罐糖度 14%～18%，所需糖水计算公式为：$W_3 \times Z = W_1 \times X + W_2 \times Y$。

W_1：每罐装入的果肉重量（g）；

W_2：每罐装入的糖液重量（g）；

W_3：净重 $W_1 + W_2$；

X：果肉可溶性固形物含量（%）（m/m）；

Y：须配的糖液浓度（%）；

Z：开罐糖度（%）。

例：橘子罐头控制开罐糖度 $Z=14\%$；果肉 W_1 装 55%；糖水 W_2 装 45%，测得果肉固形物含量为 $X=12\%$，根据糖分装罐后前后一致，计算需要加入的糖水的浓度为：

$$Y=\frac{14\% \times 100\% - 55\% \times 12\%}{45\%}=16\%$$

糖液的配制方法可使用直接法配制，也可使用间接法，即用母液来配，如 65%的糖浆配成 18%的糖水，可按下面十字交叉式，18 份母液，47 份水调配（图 7－3）。

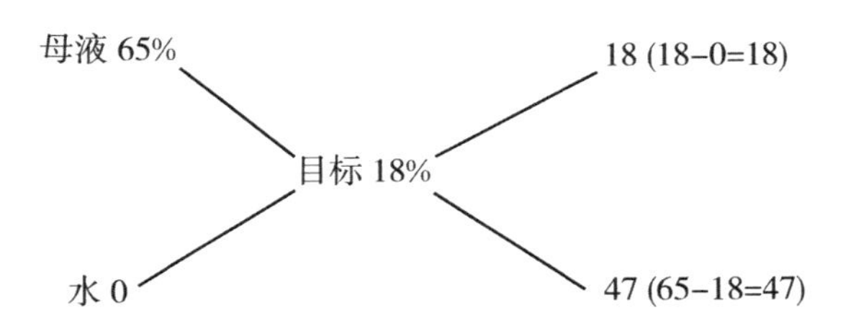

图 7－3 糖液稀释十字交叉式示例

二、预封

预封是将罐盖的罐沟转入罐身，预封具有如下作用：防止罐头高速旋转时罐盖脱落；可保持顶隙的温度，有利于排冷空气；可防止表面食品受高温蒸汽的损伤；可防止排气时水蒸气落到罐头里面。

三、排气

罐头食品的排气非常重要，排气具有以下作用：防止食品氧化；防止杀菌时热胀冷缩，容器破裂；形成一定的真空度，有利于成品检验。排气的方法有：①热装罐，如果汁、果酱趁热装，糖液等填充液沸腾后装，该法操作简单，无须特殊设备，适合作坊、家庭加工；②装罐后加热排气，如水果罐头 75℃～85℃，排气 10～15 min 再封罐，如无特殊设备，可于热水中保持一段时间，利用热蒸汽排出冷空气。如条件允许，可在排气箱中加热排气。③真空排气封罐，可借助真空封口机封罐。此法效率高，效果好，需要一定的固定设备投资（图 7－4、图 7－5）。

图 7－4　真空封口机操作

图 7－5　竹笋罐头装罐密封

四、杀菌

果蔬罐头大部分属于酸性食品，一般采用常压杀菌。根据需要在 65℃～100℃范围选择合适的温度，调整杀菌时间 10～30 min。加热过程应尽快，尽量控制在 5 min 之内达到所需要的温度，所使用的容器和填充液应预先加热，一是有利于升温，二是有利于排气。

五、冷却

果蔬罐头冷却需要注意两点，一是立即冷却，若果蔬处于热环境下时间过长，容易造成产品风味改变，产生煮熟味，质地软烂而影响品质。二是分段冷却。冷却的方法根据罐藏容器可不同。马口铁罐可直接冷却，玻璃罐导热能力差，不能直接置于冷水中，否则容易炸裂，应分段冷却，可分别浸于 65℃水→45℃水→37℃水→凉水中，作坊或家庭小规模操作可于灭菌锅中慢慢掺入冷水，工厂可设计冷却槽，传送带运输（图 7－6）。冷却的目标是降到 40℃以下，余温可以促进罐外壁、罐隙的水分蒸发。

图 7－6 企业黄桃罐头分段冷却

六、保温与储存

罐头食品应在冷却后保温处理，观察有无质量变化，并按标准进行感官指标、理化指标、微生物指标的检测。保温操作如下：低酸性食品，37℃±1℃，保温 7 d。高酸性食品，30℃±1℃，保温 7 d。GB 7098—2015《食品安全国家标准 罐头食品》对罐头要求密封完好，无泄漏、无胖听，容器外标无锈蚀，内壁涂料无脱落，具有该品种罐头食品应有的色泽、气味、滋味、形态。果蔬罐头生产应符合 GB 8950—2016《食品安全国家标准 罐头食品生产卫生规范》。果蔬罐头的其他推荐性标准如下。

GB/T 14215—2008《番茄酱罐头》、GB/T 13516—2014《桃罐头》、GB/T 13210—2014《柑橘罐头》、GB/T 14151—2006《蘑菇罐头》、GB/T 22369—2008《甜玉米罐头》、GB/T 20938—2007《罐头食品企业良好操作规范》、GB/T 13208—2008《芦笋罐头》、GB/T 10784—2020《罐头食品分类》、GB/T 13211—2008《糖水洋梨罐头》、GB/T 13517—2008《青豌豆罐头》、GB/T 13212—1991《清水荸荠罐头》、GB/T 15069—2008《罐头食品机械术语》、GB/T 13518—2015《蚕豆罐头》、QB/T 1406—2014《竹笋罐头》、QB/T 1117—2014《混合水果罐头》、QB/T 1394—2014《番茄罐头》、QB/T 1379—2014《梨罐头》、QB/T 1380—2014《热带、亚热带水果罐头》、QB/T 4594—2013《玻璃容器 食品罐头瓶》、QB/T 3599—1999《罐头食品的感官检验》、QB/T 4706—2014《调味食用菌类罐头》、QB/T 1381—2014《山楂罐头》、QB/T 2683—2005《罐头食品代号的标示要求》、QB/T 4632—2014《草莓罐头》、QB/T 1399—1991《香菇罐头》、QB/T 2843—2007《食用芦荟制品 芦荟罐头》、QB/T 1384—2017《果汁类罐

头》、QB/T 1611—2014《杏罐头》、QB/T 1688—2014《樱桃罐头》、QB/T 1395—2014《什锦蔬菜罐头》、QB/T 3620—1999《油焖笋罐头》、QB/T 1397—1991《猴头菇罐头》、QB/T 1402—2017《榨菜类罐头》、QB/T 4625—2014《黄瓜罐头》、QB/T 1605—1992《清水莲藕罐头》、QB/T 4629—2014《猕猴桃罐头》、QB/T 3619—1999《滑子蘑罐头》、QB/T 1393—1991《橘子囊胞罐头》、QB/T 3615—1999《草菇罐头》、QB/T 1400—1991《蒀头罐头》、QB/T 1604—1992《清水莲子罐头》、QB/T 4628—2014《海棠罐头》、QB/T 1603—1992《糖水莲子罐头》、QB/T 1612—1992《红焖大头菜罐头》、QB/T 1401—2017《雪菜罐头》、QB/T 4626—2014《香菜心罐头》、QB/T 2844—2007《食用芦荟制品　芦荟酱罐头》、QB/T 1607—2020《豆类罐头》、NY/T 2654—2014《软罐头电子束辐照加工工艺规范》、QB/T 5261—2018《水果饮料罐头》、CXS 62—1981《草莓罐头（2019 版）》、NY/T 1047—2021《绿色食品水果、蔬菜罐头》、DB37/T 2696—2015《桃罐头加工技术规程》、T/LYFIA 002—2018《水果罐头》、T/ZZB1260—2019《橘子罐头》、T/GZSX 055.10—2019《刺梨系列产品　刺梨水果罐头》、T/HBFIA 0010—2020《板栗（仁）罐头》、T/YAZYXH 002—2020《软包装笋罐头》……

七、常见罐头质量问题分析

（一）胀罐

胀罐是指罐头一端或两端（即底、盖或两端）向外凸起，也叫胖听。按胀罐的原因可分为以下几种。

1. 物理性胀罐

物理性胀罐原因是内容物装太满，顶隙过小，由于热胀冷缩而胀罐，也叫假胀。这种胀罐一般灭菌完毕即可显示出来，不影响食用安全。

2. 化学性胀罐

化学性胀罐原因是食品中的酸与容器的锡或铁发生化学反应产生氢气。这种胀罐一般在后期出现，也叫氢胀。因此罐头瓶应使用耐酸材料，防止瓶受机械破损而暴露铁。

3. 细菌性胀罐

细菌性胀罐原因是细菌分解内容物产生气体，这种胀罐一般在保温期间发生，保温期没发生胀罐的罐头说明灭菌合格，可以出售。应科学设置杀菌参数，正确采用杀菌工艺，严格控制杀菌质量。

（二）罐壁腐蚀

罐头外壁和内壁均可发生腐蚀。外壁腐蚀现象为生锈，原因可能有：外壁水分未擦干、破坏了涂锡层、水质差、Mg 离子多、外壁有残渣等。内壁腐蚀的原因可能有：酸使内壁的锡或者铁有溶解、氧将金属氧化、S 与金属作用形成硫化斑等。

（三）平盖酸败

平盖酸败主要是由于乳酸菌产酸，防止平盖酸败的措施需要调整杀菌工艺。

（四）硫臭腐败

含 S 蛋白质在细菌作用下产生 H_2S，H_2S 还可以与 Fe、Cu 生成 CuS 等物质，存在于罐壁上。

（五）长霉

长霉一般发生在密封不严的果酱类罐头和糖渍蜜饯罐头。防止长霉的方法一是杀菌，二是密封、隔离空气。

第八章　果蔬糖制品加工技术

第一节　糖制品加工原理

一、糖制品的种类（图 8－1）

图 8－1　实验室加工各类糖制品（蜜饯、果酱、果冻）

（一）果酱类

糖制品是果蔬原料经糖制，加工而成的含糖量高的产品，根据产品性状可以分为果酱类和蜜饯类。加工完后不保持原有的形状糖制品为果酱类，广义上包括果泥、果酱、果糕、果冻、果丹皮等（图 8－2）。果酱的加工一般是把原料破碎打浆或取汁，组织结构被破坏，加入食糖熬制，蒸发水分的浓缩过程。

1. 果泥

果肉打浆后制成黏稠度较大细腻均匀的产品，通常也称为“沙司”。

2. 果酱

果肉捣碎后加糖熬制的酱类产品，也可以带有果肉碎片。

3. 果糕

果实破碎打浆后，加糖、增稠剂、酸等制成的产品，如酸枣糕。

4. 果冻

果汁加糖浓缩制成的透明胶状制品，如山楂果冻。

5. 果丹皮

果实破碎成泥后，加糖浓缩，干燥成的柔软薄片。

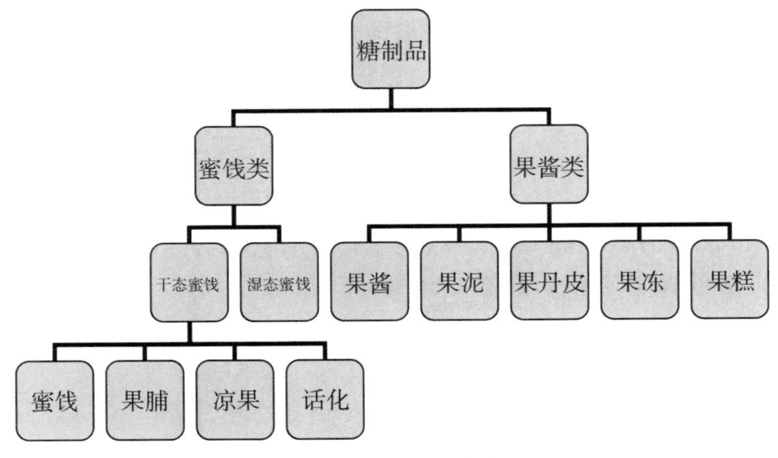

图 8－2　糖制品分类

（二）蜜饯类

产品是条形或块状的糖制品为蜜饯类，大致可分为干态蜜饯和湿态蜜饯（如蜜枣）。

1. 干态蜜饯

产品经晾干或烘干，传统上不返砂的称为果脯，表面干燥不黏手，如苹果脯、桃脯、梨脯、杏脯等。返砂的称为蜜饯，如冬瓜糖、橘饼等。目前糖制品有低糖化趋势，果脯和蜜饯没有严格区分。凉果和话化类也可以归为这一类，凉果类是指产品不经加热，直接以糖制或晒干的果蔬为原料，加以辅料制作而成，如芒果干、橄榄等。话化类是指鲜果经糖腌、盐腌后降糖、脱盐，或晒干后复水，再拌以辅料制成的产品，如话梅、话李、话杏等。

2. 湿态蜜饯

糖制后不经干燥，表面有糖液，有黏性，如蜜枣。

二、糖制品的保藏原理

(一)食糖形成高渗透压抑制了微生物活性

传统糖制品的含糖量一般为50%以上，部分达到65%，微生物生长需要低浓度的糖液作为碳源，而高浓度的糖液能形成高的渗透压，能抑制微生物的生理活性，因此这么高的含糖量很少有微生物，即使有其生长繁殖也会受到控制，一般细菌不会生长。但酵母和霉菌可以耐受高渗透压，与氧气接触能较好地繁殖，要完全抑制微生物，需含糖量达到70%以上，但蔗糖的最高溶解度为67%，所以糖制品要长期保存还是要杀菌防腐及真空密封。糖制品的主要问题是与空气接触面的长霉，控制长霉的方法是真空包装、杀菌、加防腐剂等。

(二)食糖抗氧化

糖溶液中溶解的氧比较少，可以延缓果蔬原料的氧化变色、维生素C的氧化等。如20℃时糖制品60%的糖溶液其含氧量仅为纯水中的1/6。

(三)高糖降低了水分活度

大部分微生物生长需要0.8以上的水分活度，一般糖制品的水分活度≤0.75，因此有利于延长糖制品的储存期。

三、糖制品相关概念

转化糖是指蔗糖在酸性溶液或转化酶的作用下加热生成葡萄糖和果糖的混合物。返砂是指蔗糖溶液达到过饱和状态时，糖从溶液中析出，当总糖含量为68%～70%，转化糖占比30%以下时，容易出现“返砂”，当产品中转化糖含量高，遇高温高湿季节，容易产生“流汤”现象。N度果胶是指1 g果胶可以和N g糖形成果冻，这种果胶的凝胶能力为N度。

第二节　糖制品加工工艺

一、蜜饯加工工艺

干态蜜饯加工工艺一般为：原料处理→硬化保脆→预煮→糖制→烘干→干态蜜饯。

湿态蜜饯加工工艺一般为：原料处理→硬化保脆→预煮→糖制→离心

（糖液）→装罐、密封、杀菌→湿态蜜饯。

糖衣蜜饯加工工艺一般为：原料处理→硬化保脆→预煮→糖制→烘干→冷却→上糖衣→糖衣蜜饯。

（一）硬化保脆

硬化保脆通常使用CaO、$CaCl_2$、$Ca(OH)_2$、明矾等，可用石灰水预煮来达到保脆的目的。可用pH试纸试，应使原料中心部位浸透，一般需要10～16 h，根据原料种类及环境温度有所不同，硬化效果可感官进行判断。

（二）预煮

预煮可以钝化酶的活性，起到护色作用；能排出原料组织中的空气，使产品软化，有利于糖分渗入，同时能使组织结构比较透明；且能杀灭或抑制微生物活动，有助于产品保质；能去除异味，改善风味等。如糖姜蜜饯制作过程中采用柠檬酸水预煮可以起到很好的护色作用。

（三）糖制

糖制的方法有糖煮和糖渍或两者结合，这是影响产品质量的关键工艺。

1. 糖渍（也叫蜜制）

直接用糖腌，也称冷浸法糖制，也可结合短时间的加热或日晒，有利于渗糖，一般多次加糖，如话梅加工。这种方法一般前后需1周左右，适合于组织结构比较疏松不耐煮的材料如杨梅、樱桃等，由于不经长时间熬煮，产品能较好地保持原料的色香味、形态及质地。

2. 煮制

对于组织结构比较致密，耐煮的原料可以采用煮制法，该法加工耗时短，但营养物质和色香味形会在加热过程中有损失。一次煮成法，如糖姜蜜饯，将糖水烧开，加原料一半的糖煮第一次，加余糖的一半煮第二次，再加余糖煮成，冷却即可。多次煮成法，对于不易渗糖的原料可以采用多次煮成法，还可采用减压煮制，使原料在较低温度下沸腾，既较好地保存了原料的营养及品质，也增强了渗糖效果，而且时间短。

某些品种的原料可以将煮制及糖渍法进行结合，如冬瓜糖，糖煮1 min→腌12 h→再煮5 min→再腌12 h→煮成。

（四）上糖衣

糖衣蜜饯需要上糖衣，上糖衣是指在过饱和糖姜中浸泡1 min左右再晾干，在其表面会形成一层透明的糖质薄膜，可以防止返砂，延长保存期。过饱和糖液的制作方法是：①三份蔗糖、1份10%淀粉浆、2份水混合煮沸熬制 113℃～114℃，冷却至 93℃备用。②或者使用 1.5%的明胶、5%蔗糖溶液煮制 90℃备用。③或 8 份蔗糖、2 份水煮制 118℃～120℃，趁热浸泡或浇淋到蜜饯中。上糖粉是指白糖等磨碎，将蜜饯在其中拌匀，白糖粉中还可以加入适当的辅料，如甘草、食盐、茴香等。

二、果酱的加工工艺

果酱的加工工艺一般为：原料处理→切分→预煮→破碎、打浆→加糖浓缩（煮）→果酱（或果泥）。注意事项：①某些原料不用预煮，某些原料无须切分、破碎、打浆，可直接熬制。②预煮时可加入原料重 1～3 倍的水，预煮 20 min。③浓缩终点判断可用温度计测量达到 102℃～103℃，糖含量达 65%。④传统糖制品加糖量一般为（1∶0.8）～（1∶0.6）（果实与糖的比例），低糖糖制品更受欢迎。⑤浓缩过程可加入柠檬酸等调节酸度，测定 pH 值或滴定酸含量。⑥若果酱中可溶性固形物含量达 70%以上，可不进行杀菌，密封包装隔绝空气即可长期保存。

第九章 果蔬腌制品加工技术

第一节 腌制原理

一、腌制品的种类

我国居民制作腌制品已有3000多年历史，腌制品由于风味独特，广受大众喜爱。蔬菜腌制品也是蔬菜加工中产量最大的一类，腌制品的原料主要是蔬菜，水果中仅有少数品种适合进行腌制，而且腌制的目标大多为制作半成品或保存原料延长加工期。根据其发酵特征可以分为发酵腌制品和非发酵性腌制品（图9-1、图9-2、图9-3）。

发酵性腌制品，制作过程中一般要密封发酵，产品有典型的酸味，如泡菜、酸榨菜等。发酵性腌制品可分为三类：①干态发酵，是将原料中大部分水分脱掉，然后用盐腌制。②半干态发酵，是将原料脱掉一部分水，然后加食盐等辅料腌制，如榨菜等。③湿态发酵，是将原料在盐水中进行腌制，如泡菜。

非发酵性腌制品，制作过程一般不用密封，只用盐腌，且用盐量大，产品酸味比较淡。主要有盐渍咸菜、酱渍咸菜、糖醋菜、虾油渍酱菜、酒糟制糟菜等，如糖醋萝卜、酱姜片等。但任何一种腌制品都会有一定程度的发酵，绝对的非发酵性腌制品不存在。

图 9-1　实验室加工的腌制品（剁辣椒）

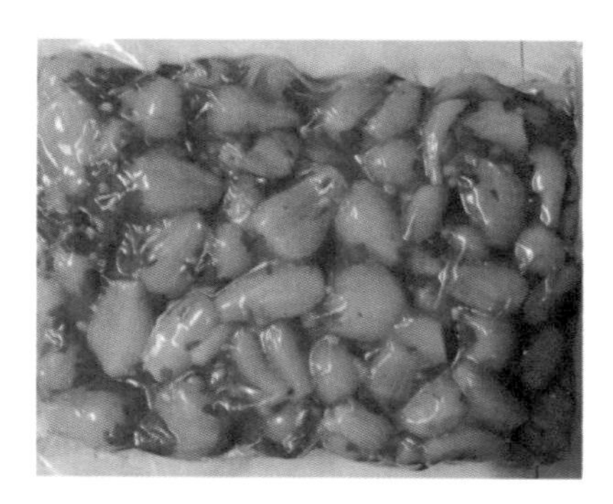
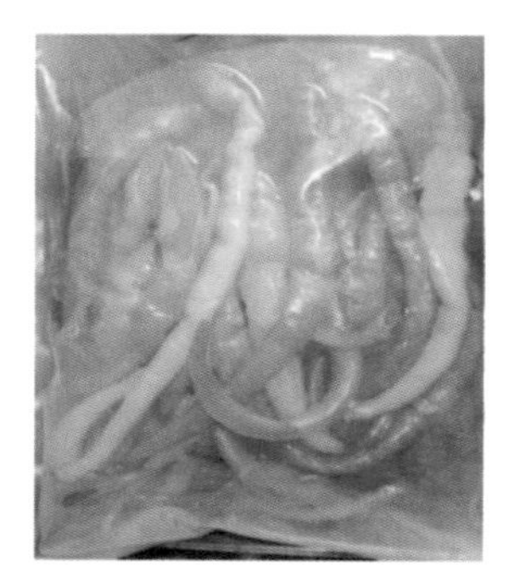

图 9-2　软包装腌制品（从左到右依次为实验室加工的藠头、企业生产酸辣椒）

图 9-3　传统手工加工白辣椒

二、腌制原理

腌制品之所以能长期保存，并形成特有的风味，主要是由于微生物的发酵作用。

（一）食盐的保藏作用

食盐的高渗透压远远超过了微生物细胞液的渗透压力，能使微生物细胞发生质壁分离，从而抑制微生物活性；食盐具有抗氧化作用，能抑制原料氧化变色；食盐降低了水分活度，抑制了微生物活动，食盐溶液中溶解的氧少，好氧菌难以生长。

（二）微生物发酵作用

腌制品主要有3种发酵作用：主要是乳酸发酵，其次是乙醇发酵，少量乙酸发酵。另外还有一些有害的发酵作用，如丁酸发酵、细菌的腐败作用等。

1. 乳酸发酵

乳酸发酵是腌制品酸味的主要来源。发酵过程是乳酸菌利用单糖或双糖生成乳酸。可分为正型乳酸发酵、异型乳酸发酵。正型乳酸发酵只生成乳酸，主要由植物乳杆菌和小片球菌参与。异型乳酸发酵有短乳杆菌、大肠埃希菌等参与，一般在发酵初期产生，这时有大量的空气和其他微生物，以异型乳酸发酵为主，产物有乙醇、CO_2等。所以一般认为腌制品到了后期比较安全，但具体时间因腌制原料品种、腌制工艺参数等不同而不同。

正型（同型）乳酸发酵：$C_6H_{12}O_6 \xrightarrow{\text{乳酸菌}} CH_3CH_2COOH$（乳酸）

2. 乙醇发酵

乙醇发酵的过程是酵母菌将糖分解为乙醇和CO_2。生成的乙醇和乳酸可发生酯化反应，生成的乳酸乙酯不仅无害，而且是腌制品风味的来源，对腌制品品质的形成起到重要的作用。

乙醇发酵：$C_6H_{12}O_6 \xrightarrow{\text{酵母菌}} C_2H_5OH + CO_2$

3. 乙酸发酵

在腌制品加工过程中也有微量的乙酸发酵，由乙酸菌氧化乙醇而生成乙酸。过量的乙酸发酵不利于加工，会影响产品的品质，如形成白膜、口感异常等，但微量的乙酸发酵是允许的，不但对腌制品品质无害，还可以糅合酸味。乙酸发酵的过程是乙酸杆菌将乙醇氧化成乙酸，这一过程需要氧气，因此隔离空气是避免乙酸发酵的重要措施。腌菜封口、加坛沿水，减少了 O_2，可一定程度阻止乙酸发酵。

乙酸发酵：$O_2+C_2H_5OH \xrightarrow{\text{乙酸杆菌}} CH_3COOH$

4. 影响乳酸发酵的因素

腌制某些品类如泡菜和酸菜要利用乳酸发酵，而腌制某些产品如咸菜和酱菜要抑制乳酸发酵。

（1）食盐

高浓度的食盐抑制乳酸菌的活动，低浓度的食盐促进乳酸菌的活动。食盐浓度 10%以上，乳酸发酵作用大大减弱，盐浓度 15%以上，乳酸菌几乎不活动（不产酸）。3%～5%的乳酸菌产酸最快。例如制作泡菜，用盐少，产品易酸；制作藠头盐坯，用盐多不容易酸；制作剁辣椒要防止产酸，可以综合采取以下多种方法：增加食盐用量、发酵完毕加入添加剂抑制乳酸菌生长、发酵完毕加热杀菌等。

（2）温度

乳酸菌的最适生长温度为 30℃～35℃，此温度下产酸高，但此温度下腐败菌也易生长。所以最好的腌制温度为 15℃～20℃。

（3）酸度

适当加酸有利于正型乳酸发酵的进行，抑制腐败菌，但不能加到 $pH<3$，否则不利于乳酸菌生长。丁酸菌、大肠埃希菌等有害菌在 $pH<4.5$ 时一般不生长，加酸首先抑制大肠埃希菌，其次抑制腐败菌和丁酸菌。家庭制作可加入白醋、陈泡菜水、柠檬汁等。作坊可加入陈泡菜水、白醋、购买纯乳酸菌等。工厂宜提纯乳酸菌，保留菌种，使用纯乳酸菌发酵，产品稳定，质量可靠。

（4）空气

乳酸菌是厌氧菌，需在密闭条件下发酵，厌气条件有利于乳酸发酵。若密封不严，容易产生白膜。

（5）含糖量

一般蔬菜原料的含糖量可满足要求，如甘蓝、萝卜、黄瓜等原料中均含有足够乳酸菌甚至糖分；若含糖量低，可适当地加入一些糖促进乳酸发酵。例如制作韩式泡菜可在菜叶上加几片苹果等，利用苹果的糖促进发酵。

（三）蛋白质的分解作用

蛋白质在微生物和蛋白酶的作用下分解成肽、氨基酸等，使腌制品能形成独特的色、香、味，这种复杂的生物化学反应是腌制品风味的重要来源。

1. 鲜味

腌制品鲜味主要是由于蛋白质水解成氨基酸而具有鲜味，谷氨酸与食盐形成谷氨酸钠是鲜味的主要来源，其他种类的氨基酸综合作用，可以起到味觉相乘的作用。

2. 香气

腌制品香气的来源主要是酯类，主要是由有机酸、氨基酸与醇类反应生成，含量最多的是乳酸乙酯。营养物质的分解也能形成一定的风味，如十字花科植物（萝卜）的黑芥子苷分解成黑芥子油，有芳香气味。发酵产生的乳酸等物质，以及加入的香辛料，也形成香味。

3. 色泽

腌制品色泽的来源有以下几个途径：①蛋白质降解产生氨基酸如酪氨酸，可氧化反应生成黑色素。②蔬菜中的天然色素变化，如叶绿素在酸性环境中生成黄褐色的脱镁叶绿素，使制品成为黄褐色。同时水溶性色素如紫甘蓝等色素的溶解等可导致制品色泽的变化。③氨基酸的氨基与醛、还原糖等的羰基发生羰氨反应，即美拉德反应，生成类黑精或称拟黑素，也能引起色泽变化。

美拉德反应：aa＋还原糖$\xrightarrow{\text{非酶褐变}}$色素

第二节 腌制工艺

一、泡菜加工

泡菜加工一般程序为：原料处理→入坛泡制→发酵。

（一）原料处理

选择新鲜、质地嫩脆、不易软烂的蔬菜品种，进行修整、清洗和切分，清洗后应沥干明水，或进行适当晾晒。

（二）泡菜坛准备

泡菜坛以传统陶土烧制的为宜，这种泡菜坛口小肚大，能密封，能自动排气，耐酸、耐碱、耐盐，是我国大部分地区制作泡菜的首选容器。既能形成厌氧环境有利于乳酸菌的生长，也能防止外界微生物的污染，使坛内食品能长期保存。泡菜坛使用前应使用沸水或高温蒸汽进行消毒，并沥干水分备用（图 9－4）。

图 9－4　泡菜坛

（三）泡菜液

配制泡菜液的水一般用井水或泉水，井水或泉水中含有较多的 Ca、Mg 等离子有利于保持成品的脆度，自来水也可用于配制泡菜液。矿泉水比纯净水更适合，因其中矿质离子有利于保脆。或使用无菌的冷开水。盐浓度根据口感和需要范围较广，一般为 6%～8%，既要考虑口感，也要考虑抑制杂菌的需要。泡菜液中可加入陈泡菜水。

（四）入坛

装坛到一半时加香料包，香料可以起到去异味、增香、去腥味等效果，然后加盐水，注意盐水应淹没原料，以免暴露在外的部分发生霉变。

（五）封口

封口的作用是起到密封作用，可以抑制霉菌的生长，还可以防止氧化。可以使用内盖进行封口，再添加坛沿水。坛沿水可使用 10%～20%的盐水，由于坛内压力小，有吸水的趋势，开盖时坛沿水容易污染坛内液体，盐水中微生物难以生长，使用盐水可防止坛沿水污染坛内制品。商品的泡菜整坛出售时不宜用水，可用盐、石蜡封口代替坛沿水。但发酵初期坛内有气体产生，需要排气，不宜采用石蜡全封闭。

二、酸菜加工

企业生产酸菜可使用新鲜蔬菜腌制，也可直接使用已腌制的盐坯作为原

料，但应严格进行质量控制（图 9－5、图 9－6）。

图 9－5　半成品

图 9－6　入坛发酵

三、腌制品的安全性

腌制品中可能存在的有害物质为亚硝胺和黄曲霉毒素。正常的乳酸发酵不易产生亚硝酸盐，严格控制、密封条件好可防止黄曲霉毒素产生。只要严格按卫生规范，可以将毒性降到最低。防止有毒有害物质产生的方法如下：选用新鲜的原料，蔬菜放置太久容易产生亚硝胺；加入维生素 C，0.4‰维生素 C 可以有效防止亚硝胺；加入防腐剂如苯甲酸钠 0.5‰可以有效防止腐败菌；腌制前加柠檬酸或乳酸调节酸度；腌制前加乳酸菌或老泡菜水或凝固性酸奶形成优势菌群，抑制腐败菌生长；装满、压实、隔离 O_2；及时更换坛盐水；发酵中每天揭盖 1～2 次，目的是使内外压力一致，防止坛盐水倒灌；食用前阳光暴晒，水洗，亚硝胺对紫外线敏感；本身多摄取新鲜果蔬，增加维生素 C 的摄入量。

第十章　果蔬干制品加工技术

第一节　干制原理

果蔬中含有大量的水，干制是指除掉果蔬中的部分水分，即自由水和部分结合水。果蔬中水分包括自由水、结合水。①自由水占比高，是指以自由状态存在的水，包括滞化水、毛细管水、自由流动水。自由水能被微生物和酶利用，因此干制须除去，可通过加热等方法去除。②结合水与蛋白质、多糖等结合，又分构成水、邻近水、多层水，占比 15%～20%。结合水不易被微生物和酶利用，蒸发能力较弱，干制过程中可以被去除一部分。我国传统的干制品有辣椒干、黄花菜、荔枝干、桂圆干、红枣等。干制品由于脱除了大部分水分，有利于产品的储存、运输，也有利于解决原料供应的季节性、地域性矛盾。

一、干制原理

（一）干制抑制了水分活度

水分活度（*Aw*，water activity）是指溶液中水的逸度与纯水的逸度之比，也指溶液中能够自由运动的水分子与纯水中的水分子之比。近似地等于溶液中水的蒸汽分压与纯水的蒸汽分压之比。

干制最终的目的是降低水分活度。食品的保质期很大程度上取决于微生物的生长和酶的活性，而微生物和酶与自由运动水关系密切，和结合水（单分子层结合水）关系不大。*Aw* 与水分含量有一定的关联但不等同，水分含量一样的不同物质，水分活度可能不一样，水分活度一样的不同物质其水分含量也可能不一样。如：*Aw*＝0.7，苹果干含水 34%，香蕉干含水 65%。

（二）干制抑制了微生物的活性

微生物生长需要合适的水分活度，低于所需最低水分活度时，其生长受到抑制。细菌生长所需的最低水分活度为 0.94～0.99，干制首先抑制的是细菌，然后是酵母，最后是霉菌。*Aw*＜0.6，任何微生物都不生长。各种微生物所需的最低水分活度如表 10－1。

表 10-1 微生物生长所需的最低水分活度

微生物类型	最低水分活度	微生物类型	最低水分活度
大多数细菌	0.94～0.99	嗜盐型细菌	0.75
大多数酵母	0.88～0.94	耐渗透压酵母菌	0.66
大多数霉菌	0.73～0.94	干性霉菌	0.65

（三）干制抑制了酶的活性

酶促反应与水分活度也有关系。食品中大部分的酶在水分活度小于0.85时活性降低，如淀粉酶，当$Aw<0.7$，则不分解淀粉，但也有特殊情况，如酯酶在较低水分活度0.3甚至0.1时仍能分解甘油酯。食品中营养物质的变化也与水分活度息息相关，水分活度降低，淀粉的老化、脂肪的氧化酸败、蛋白质的变性等都会受到抑制。但干制品并不能完全杀死酶，复水后仍可以恢复活性，所以干制品如需长期储存，干制前宜采取合适方法灭酶。

二、干制机制

干制的过程本质就是水分挥发的过程。水分挥发表现为两种形式：一种是内扩散，一种是外扩散。内扩散是指果蔬内部的水分向表面迁移的过程。外扩散是指果蔬外部的水分向周围介质转移的过程。内扩散、外扩散的动力是湿度梯度，由于水分不断蒸发，内部的水分会比外部的多，叫湿度梯度。干燥的初始阶段，原料表面水分充足，干燥速率恒定，称为恒速干燥阶段，这一阶段应尽可能增加物料表面积，但应适度，否则外扩散太快容易造成结壳。当干燥到一定程度，果蔬外表面水分降低，内部水分移动缓慢，干燥速率会降低，称为降速干燥阶段。若温度过高，容易造成果蔬内扩散太快而胀裂，可采取适当措施将干燥强度降低，如将物料移出冷却回潮待其内部水分充分迁移至表面、增加干燥环境中热空气的相对湿度、降低干燥温度、降低气流速度等。

三、干制品的有关计算

（一）水分率

水分率（M）定义为一份干物质所占有的水分份数。例如，鲜果含水80%，干制品含水16%。则鲜果水分率$M=80\div(100-80)=4$，表示鲜果中1份干物质对应4份水。干制品水分率$M=16\div(100-16)=0.19$，表示干制品中1份干物质对应0.19份水。

（二）干燥率

干燥率（R）定义为生产一份干制品所需新鲜原料的份数。例：250 g鲜果干制后得20 g果干，则 $R=250\div 20=12.5$。R 越大，表示失水越多，干燥越充分。干燥率计算方法：

已知鲜果和干制品的质量，则 $R=W_{鲜果}/W_{干制品}$。

重量未知，已知水分率：取干物质为1，则 $W_{鲜果}=1+M_{鲜}$，$W_{干}=1+M_{干}$，所以 $R=(1+M_{鲜})\div(1+M_{干})$，上例 $R=(1+4)\div(1+0.19)$。

已知鲜果质量及干物质含量（%）：$W_{鲜果}$＝鲜果中干物质质量/鲜果中干物质含量（%），$W_{干}$＝干制品中干物质质量/干制品中干物质含量（%），$R=W_{鲜果}/W_{干制品}$＝［鲜果中干物质质量/鲜果中干物质含量（%）］÷［干制品中干物质质量/干制品中干物质含量（%）］＝干制品中干物质含量（%）÷鲜果中干物质含量（%），上例：$R=(1-16\%)\div(1-80\%)=4.2$。

（三）复水率

复水率表示干制品复水后沥干质量与原产品质量的比值。复水率＝复水后沥干质量/干制品的质量。

第二节　干制工艺

一、自然干制

某些品种的干制品适宜采用自然干燥，如白辣椒、紫苏、葡萄干、柿饼等。通常有两种方法，一是将果蔬置于阳光下直接晾晒，二是利用通风良好的房间或凉棚阴干或晾干。自然干制成本低，操作简单，但对气候依赖性强，雨水季节、潮湿地区不便操作，否则由于干燥时间过长导致原料腐败。而且由于自然干制容易受虫鸟蝇鼠等侵害，容易影响产品质量。

二、人工干制

实验室常采用箱式干燥设备（干燥箱），食品工厂多采用烘房、带式烘干机、隧道式烘干机等。

1. 烘制

农村和山区小规模加工可采用传统烘灶，挖坑或在地面搭灶，上铺设烘架，灶坑生火进行加热，这种方法简单实用，但不易控制火候和温度，产品常有烟熏味。作坊加工、乡镇企业、小型散装干制品生产企业可采用烘房，适宜干制竹笋、蘑菇等。

2. 热风干燥

一般加热和鼓风同时进行，适于生产。带式干燥机是将物料铺设于传送带上进行加热干燥，物料落入下层时自然翻动一次，可实现自动翻拌（图10－1）。

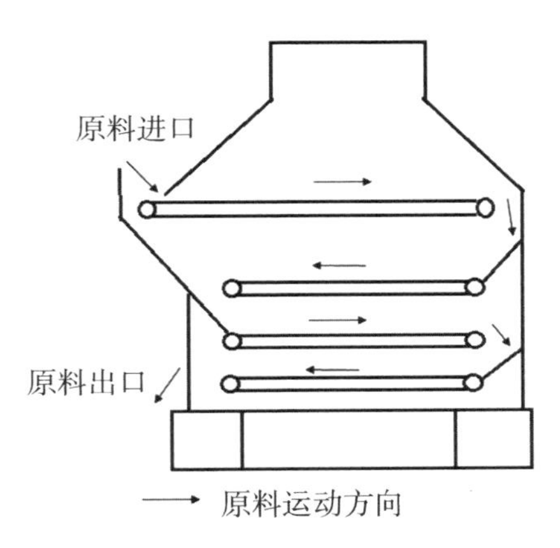

图10－1 带式干燥机

3. 微波干燥

微波能穿透物料表面进入其内部进行加热，干燥均匀，速度快，且能较好地保持原料的营养成分和色、香、味等品质，是一种较为理想的干燥方法。

4. 冷冻升华干燥

常规干燥需将原料进行加热以蒸发水分，加热过程中容易导致原料营养物质损失、产品变色等情况，如香蕉采用加热法干燥，产品极易褐变。冷冻干燥是将样品冷冻，其内部水分结冰，在真空状态下水分沸点降低，在较低温度下水分由结冰状态固体直接变为气体状态，不经过液体状态，这样可以保持原来的色、香、味和营养价值，适合于香蕉干等食品加工。

5. 油炸干燥

油炸也是一种干燥方式，可适于薯片、方便面等食品加工。

6. 喷雾干燥

喷雾干燥是将样品浓缩成一定的密度后，与热气流接触，迅速进行热交换，水分迅速蒸发，将物料变成颗粒或粉末状，适合果蔬粉加工。

三、干制工艺

原料处理→干制→回软（也叫均湿）→包装。

（一）原料处理

选择含水量合适、干物质含量高、风味佳、褐变不严重的原料，物料进行充分洗涤，去除污渍、农药残留等。也可以进行初步浸碱除蜡，不但有利于去除表面农药等，还有利于水分的蒸发。护色可采用热烫、硫处理等措施。根据需要进行切分、去皮、去核、硬化等前处理。

（二）干制

果蔬干制温度一般为 65℃～75℃，干制过程要倒换烘盘，以避免加热不均，同时物料水分蒸发，干制空间内湿度增加，一定要注意排湿，否则当空气中湿度达到一定程度后物料中水分不易排出，导致物料湿热败坏、产品软烂。小规模干制可使用带鼓风功能的恒温干燥箱（图 10－2）。

图 10－2　恒温鼓风干燥箱

（三）回软

回软也叫均湿，使内部水分向表面迁移而达到平衡，制品呈现柔软的状态，便于保存和运输。产品干制完毕，各个部分含水量并不完全一致，如果直接包装会造成表面吸水，内部水分不易迁移而导致食品腐败，因此需将产品进行均湿。方法是将产品堆放在一个密闭的空间内，使其水分平衡，一般菜干 1～3 d，果干 2～5 d，均湿后进行包装。

四、干制过程的常见问题

（一）结壳

结壳即表面硬化，主要原因是外扩散太快，内部水分向外迁移的速度比不上外部水分蒸发的速度，从而在果蔬表面形成一种干硬壳，这是一种假干燥。结壳后果蔬形成封闭的小环境，内部水分不易迁移导致水分过高，果蔬内部容易发霉变质。

（二）胀裂

胀裂的原因是内扩散太快。容易胀裂的产品可以分次干燥，第一次干燥后降温再次干燥，防止内扩散太快而干裂。

（三）干缩

果蔬干制过程中水分蒸发失去支撑作用，原料弹性减少，出现表皮塌陷等现象称为干缩。含水量高的果蔬容易干缩，而固形物含量高、水分含量少的果蔬干缩程度轻。如果是均匀缓慢失水，出现均匀干缩，而不均匀的失水导致非均匀干缩，还可能表现为表面奇形怪状或断裂。

（四）褐变

干制过程由于酶促褐变、非酶褐变、色素物质变化等导致产品变色，干制前应采取合适的方法进行护色，产品可采取真空包装、加入脱氧剂等方法抑制氧化变色。

第十一章　果蔬汁制品加工技术

第一节　果蔬汁的种类

果蔬汁按生产工艺、存在状态的不同，其种类有透明果蔬汁、浑浊果蔬汁、浓缩果蔬汁等。透明果蔬汁也叫澄清果蔬汁，是指原液经澄清去除纤维素、果胶、蛋白质等制成的透明的汁液，这类果蔬汁稳定性较好，但其营养和风味相对欠佳。浑浊果蔬汁保留了果肉颗粒，且均匀悬浮在果蔬汁中，这类产品营养、风味都较好，但稳定性相对较差。浓缩果蔬汁是将鲜榨果汁进行浓缩，去除了部分水分，一般要求可溶性固形物达到40%～60%，这类产品便于运输和储存，一般作为半成品。根据GB/T 31121—2014《果蔬汁类及其饮料》分类标准，分为果蔬汁（浆）、浓缩果蔬汁（浆）、果蔬汁（浆）类饮料，其中果蔬汁（浆）又分为原榨果汁、复原果汁、蔬菜汁、果浆/蔬菜浆、复合果蔬汁（浆），果蔬汁（浆）类饮料又分为果蔬汁饮料、果肉（浆）饮料、复合果蔬汁饮料、果蔬汁饮料浓浆、发酵果蔬汁饮料、水果饮料（图11-1）。

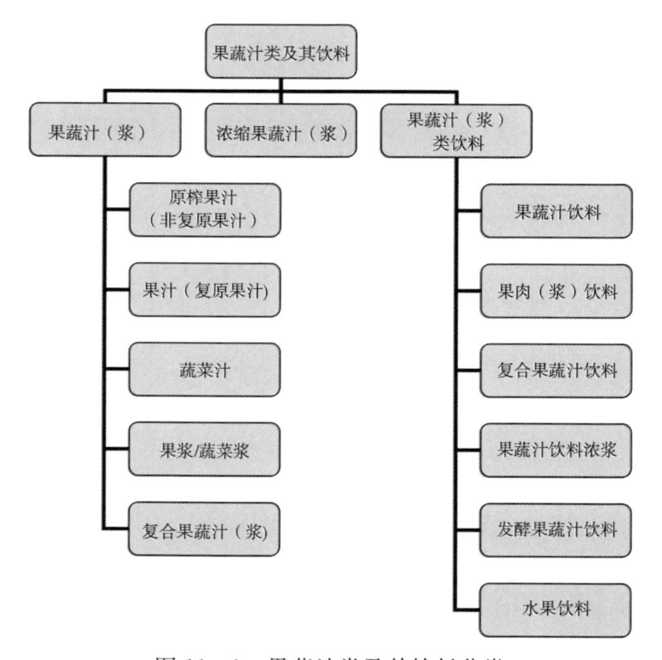

图11-1　果蔬汁类及其饮料分类

第二节　加工工艺

透明果蔬汁、浑浊果蔬汁、浓缩果蔬汁加工工艺通常为：原料处理→取汁→澄清→过滤→调配→杀菌→透明果蔬汁；原料处理→取汁→调配→均质→脱气→杀菌→浑浊果蔬汁；原料处理→取汁→浓缩→调配→装罐→杀菌→浓缩果蔬汁。

一、原料处理

用于加工汁制品的原料应汁液丰富，新鲜，成熟度高，具有较好的风味。应剔除坏果、霉变果、虫病果等。对一些风味和色泽不明显的原料可采取混合取汁等方法以改善其产品的色香味。原料处理阶段可进行加热或用 $NaHSO_3$ 等浸泡防褐变。加热的目的主要是软化组织，降低果胶物质的黏度，加快取汁速度，且可使酶失活，从而起到护色作用。如苹果汁加工，先破碎再预煮 15 min，可防褐变。橙汁加工，可预煮 1～2 min，减少果皮中脂类含量。

二、取汁

目前取汁用得最多的方法为压榨破碎取汁，有些果蔬原料含水量少，适合于浸提，即用水浸提，将营养物质、色素物质、风味物质等溶解浸出。压榨过程应尽可能短，减少变色及营养、风味损失。

三、过滤

生产浑浊果蔬汁需留一定的果肉，只需去除较大颗粒和悬浮物质，生产时粗滤可和取汁在同一机器上完成，也可单独进行，作坊或家庭加工，粗滤可直接用纱布。加工透明果蔬汁还需进行精滤以除去果蔬汁中的果肉、果皮、胶体物质等，通过澄清和过滤完成，精滤用板框压滤机、离心分离机等。

四、澄清

制作透明果蔬汁应进行澄清，澄清的方法有：①自然澄清。②明胶单宁法。明胶带正电荷，单宁和纤维素等带负电荷，两者结合形成不溶于水的絮状物质，自身沉淀的同时将果蔬汁中的悬浮颗粒一同带离沉淀。可在大规模生产前根据果实自身的特点进行试验，选择最合适的添加量。③酶法澄清。

一般加果胶酶。④加热法澄清。将果蔬汁短时间内迅速加热到 80℃以上，然后又迅速将其冷却，一热一冷，温度骤变，果蔬汁中的蛋白质发生变性凝固而沉淀。⑤冷冻澄清。将汁液快速冷冻，一些胶体物质被破坏而沉淀。

注：从左到右依次为加热法、羧甲基纤维素钠处理、对照。

图 11－2　果汁沉淀效果

五、均质

均质是指将果蔬汁通过（均质机或胶体磨）一定的设备，使其中的悬浮颗粒进一步破碎成更小的粒子，均匀而稳定的分布在果蔬汁里面。均质是浑浊果蔬汁的常见工艺，既增加了营养价值，又防止沉淀影响感官品质。

六、脱气

脱气的目的是为去氧，气体中含有 O_2、CO_2、N_2等，果蔬加工只需要脱 O_2即可。脱气的方法一般有真空脱气、压入 N_2脱气、加入脱气剂，如维生素 C 等抗氧化剂消耗 O_2等。

七、浓缩

浓缩的方法有：①真空浓缩。使果蔬汁在 25℃～35℃下沸腾，蒸发水分。②冷冻浓缩。将果蔬汁冷冻，待水分结成冰，再用离心方法将结冰的水去掉，此法容易造成浪费。③反渗透。利用一半透膜，在果蔬汁一边给予压力，使小分子物质可以通过。④超滤。超滤的原理类似于反渗透，超滤还可以去掉一些高分子物质如肽、果胶等。

八、成分调整

果汁成分调整主要是加糖、加酸。须根据果汁本身的糖、酸含量计算。果蔬本身固有浓度一般为糖8%～14%，酸0.1%～0.5%。果蔬汁要求一定的糖酸度，如橘汁中糖12%～14%，酸0.9%～1.2%；菠萝汁中糖12%～16%，酸0.4%～0.9%。控制果蔬汁的口感最重要的是控制糖酸比，它是决定口感和风味的主要因素，糖酸比以（13∶1）～（15∶1）为宜。

计算过程：

W：调整前果汁的质量（g）；

C：调整前糖含量（%，m/m）；

B：要求调整后的含糖量；

X：加入的糖量（g）。

若直接加固体糖，则计算式为：

$$X+W\times C=B(W+X)\rightarrow X=\frac{W(B-C)}{1-B}$$

若直接加糖液X（g）；

D：浓糖液浓度；

则：$X\times D+W\times C=B(X+W)\rightarrow X=\frac{W(B-C)}{D-B}$。

例一：100 g果汁，含糖6%，需调成8%，应加多少克糖？

计算过程：$100\times6\%+X=(100+X)\times8\%$，$X=2.2$ g

例二：100 g果汁，含糖6%，需调成8%的含糖量，现使用40%的浓糖液，需加糖液多少克？

计算过程：$100\times6\%+40\%\times X=8\%(X+100)$，$X=6.25$ g

九、杀菌

果蔬汁一般pH<4.5，都可用常压杀菌，巴氏杀菌操作80℃，20～30 min即可。家庭及作坊操作可使用沸水煮15 min，缺点是易产生煮熟味，最好采用高温瞬时杀菌（HTST，High Temperature Short Time）。93℃±2℃，15～30 s，该法适宜工厂操作。注意：若在装罐前杀菌，要趁热罐装，罐和盖都要进行杀菌，杀菌后要迅速冷却。

第十二章 其他果蔬制品加工技术

第一节 酒制品

一、果酒的分类

果酒的种类有：①发酵果酒，连渣发酵。②蒸馏果酒，蒸馏得到乙醇等挥发性物质。③配制果酒，又名露酒，调配而成的。④加料果酒，加入药材如人参等。⑤起泡果酒，冲入CO_2。

我国的果酒主要是葡萄酒，还有苹果酒、橘子酒等。葡萄酒按颜色可分为以下几种：①红葡萄酒。用红葡萄酿造。②白葡萄酒。用白葡萄或红皮白肉的葡萄酿造。如白兰地是蒸馏后的白葡萄酒，若是其他原料做的，一般冠以原料名称，如苹果白兰地。香槟是含CO_2的白葡萄酒。③桃红葡萄酒。

葡萄酒按含糖量可以分为以下几类：①干葡萄酒，含糖量≤0.4 g/100 mL。②半干葡萄酒，含糖量≤1.2 g/100 mL。③半甜葡萄酒，含糖量≤5 g/100 mL。④甜葡萄酒，含糖量＞5%。

按有没有气泡可分为以下几类：①静止葡萄酒（不含CO_2）。②起泡葡萄酒（含CO_2）。

二、果酒的酿造原理

（一）乙醇发酵

果酒是利用酵母将水果中的糖发酵生成乙醇，经陈酿生成酯等风味物质。

所以果酒的酿造主要是两个过程：乙醇发酵、陈酿。

$C_6H_{12}O_6 \xrightarrow{\text{酵母}} C_2H_5OH + CO_2$

自然发酵的酵母质量不稳定，工业化生产最好用实验室纯种酵母。培养方法为：斜面试管→9 mL葡萄汁试管，第一次扩大培养→100 mL三角瓶→1 L玻璃瓶→20 L桶→直接酿酒。也可以直接用活性干酵母粉。

发酵前期，酵母主要是生长而非发酵，这个时候酵母生长需要氧气，所以应该在发酵过程中搅动葡萄汁，即“打耙”。发酵后期酵母开始发酵产生乙醇，发酵过程不需要氧气，应密封。如果后期也搅动葡萄汁，则氧气溶解到葡萄汁液中，酵母利用 O_2 生长，导致产生乙醇减少或不产生乙醇，这种情况也叫巴斯德效应。前后期判断依据是：中后期皮渣会上升到液面形成浮渣，叫酒帽，且温度达最高。

乙醇发酵的产物中含量最高的是乙醇，其次还有乙醛、乙酸、丙三醇、高级醇（如丁醇）等。乙醛还可生成琥珀酸，丙三醇含量仅次于乙醇和水。

（二）陈酿

陈酿过程中会发生一系列的化学变化。①酯化反应。②氧化还原反应。不利的氧化还原反应如：O_2 渗透到酒中，与其中的亚硫酸（防腐剂）等发生反应。有利的氧化还原反应如：酒中的还原物质如单宁、维生素 C 等除去酒中的氧；乙醇在乙酸菌的作用下生成乙酸，改善风味。③减酸作用。新酒有辛涩味，酸味不柔和，在陈酿过程中酸会逐渐分解下降。

三、果酒酿造工艺

果酒酿造工艺通常为：原料→破碎（红葡萄酒）或取汁（白葡萄酒）→成分调整→发酵→新酒分离→后发酵→陈酿→调配→过滤→杀菌、包装。

（一）原料选择

原料选择应注意：①选择含糖量比较高的。②优良的品种有雷司令、赤霞珠、品丽珠、珊瑚珠等。有些品牌的干白葡萄酒使用龙眼葡萄。③红葡萄酒用色深红葡萄，白葡萄酒用浅白葡萄。④将腐败变质的原料挑选出，这部分原料中常携带有害微生物，微生物作用会生成不需要的副产物甚至有毒产物。⑤葡萄、橘子等原料应尽量去核，因其含单宁多，容易与 Fe 反应。

（二）破碎、取汁

破碎、取汁后要消毒，方法是加入 0.01%～0.02%亚硫酸盐，作用除了消毒还可以抗氧化等，产生的 SO_2 对腐败菌有抑制作用，但酵母菌对 SO_2 有很好的抵抗力，不会被抑制。

（三）成分调整

成分调整主要为加糖、加酸，加酸可加酒石酸或柠檬酸调节 pH 值或测定酸含量。加糖量的计算过程如下：

$$C_6H_{12}O_6 \rightarrow C_2H_5OH + CO_2$$

180　　　　　　92

理论上：180 g 葡萄糖产生 92 g 乙醇，1 g 葡萄糖产生 0.511 g 乙醇。酒精度以容量（mL）计，1 mL＝1 度。ρ_{20}＝0.7493 g/mL。1 g 葡萄糖产生 0.511/0.7493＝0.64 mL 乙醇，即 0.64 度乙醇。1 度乙醇要 1.56 g 糖。实际上：1 度乙醇需要 1.7 g 葡萄糖。多数情况下，葡萄的含糖量达不到葡萄酒的乙醇含量要求，所以需要添加糖。也可以加乙醇勾兑，但优质葡萄酒一般补加糖。

例一：某葡萄酒要求酒度 13%，果实含糖 17%，请计算 1 L 葡萄酒需要加多少克糖？

计算过程：要求乙醇 1000×13%＝130 mL，要求糖 130×1.7＝221 g，已有 1000×17%＝170 g，应补加 51 g。

但加糖后酒体积会有变化，即不再为 1000 mL，考虑体积变化用下面公式。

A：要求酒精度（整数）；

V：果汁体积（mL）；

B：果汁含糖量（%）（整数）；

0.625：1 g 砂糖溶于水后体积增加 0.625 mL；

1.7：1 度乙醇所需的糖；

X：加糖量。

加糖后体积：$V+0.625X$

要求乙醇：$(V+0.625X)\times A\%$

要求含糖：$(V+0.625X)\times A\%\times 1.7$

糖的来源：$V\times B\%+X$

公式：$V\times B\%+X=(V+0.625X)\times A\%\times 1.7$

上例：$A=13$，$B=17$，加糖后体积（mL）：$1000+0.625X$；要求乙醇（mL）：$(1000+0.625X)\times 13\%$；要求糖（g）：$(1000+0.625X)\times 13\%\times 1.7$；糖来源：$1000\times 17\%+X=(1000+0.625X)\times 13\%\times 1.7$，$X=59.2$ g。

（四）发酵容器

发酵容器最好不要含有铁或铜等金属的，单宁容易和金属离子形成络合物产生沉淀。黑色（或蓝色）破败病：单宁与铁离子反应可生成单宁酸铁，该物质为蓝黑色，叫葡萄酒的黑色（或蓝色）破败病。如在红葡萄酒中，一般先出现薄的红色的膜，继而变成蓝色，若在白葡萄酒中，则易变黑。白色破败病（Fe）：铁和磷酸盐生成磷酸铁，为白色物质，叫葡萄酒的白色破败病，常发生在白葡萄酒中。另外 Cu 和 S 可生成 CuS（黑色），CuS 还可以和葡萄酒中的蛋白质、单宁等形成絮状的不溶物。

（五）发酵管理

发酵期间做好以下管理工作，也叫前发酵。酵母生长的最适温度为28℃～30℃，低温品质更好，因此选择 25℃～28℃较好，最高不超过 30℃，最低不低于 15℃。发酵初期每天搅动发酵池 2～3 次或直接打入新鲜空气，中期停止或减少供 O_2，以利于发酵。中期有酒帽出现，品温最高，有酒味且渐增。应每天测品温并记录，糖分和酸分应及时调整。新酒分离也叫出桶，当糖分下降到 1%时主发酵结束，一般 7～10 d，应及时出桶。

用泵抽出或虹吸（倾斜）或自行流出的酒叫自流酒。酒渣可压榨，得到的酒叫压榨酒，残渣还可用于制蒸馏酒。

（六）后发酵

出桶时混入空气，且酒中有残糖供酵母复活，故出桶后还可以继续发酵，叫后发酵。后发酵温度<20℃，后发酵终点为残糖 0.1%左右，无 CO_2 放出，一般 2～3 周。之后及时换桶，后发酵完毕用一根干净的管子将酒液转移到另一桶内，用同类酒填满，满桶贮存，否则酒花菌容易在有氧的表面繁殖，形成白膜病。

（七）陈酿

低温下进行陈酿，一般 1～2 年。

（八）成分调配

发酵过程中的糖理论上可产生需要的酒度，但当乙醇浓度超过 8%，乙醇便对酵母的生长繁殖起抑制作用，所以之后的发酵越来越慢，酒度未达到标准，可用优质食用乙醇或高度酒调配。糖分用果汁或蔗糖调配。酸分用柠檬酸或酒石酸调配。颜色用深色葡萄酒或国家标准允许使用的色素调配。

第二节 速冻制品

一、冻藏原理

（一）冻藏对微生物的影响

速冻食品也叫 3F 食品（fast frozen food）。冷冻保藏可以抑制微生物的活动，还会促进微生物的死亡，但主要作用不是杀死微生物。冻藏使食品内部水分结成冰晶，降低了游离水的含量，而且形成了冰晶对微生物的细胞有破坏作用。

（二）冻结对酶的影响

冻结抑制了酶的活性，但是并不灭酶，酶仍然保持一定的活性，解冻时，酶的活性迅速恢复。所以在冻结前常抑制酶的活性，比如烫漂、糖水浸渍（水果）、盐水浸渍（蔬菜）等。酶活性随温度而发生变化，可用 Q_{10} 来表示。

$Q_{10}=K_2/K_1$；

Q_{10}：温度升高 10℃，酶促反应增加的化学反应率；

K_2：温度在 $T+10$℃时，酶促反应的化学反应率；

K_1：温度在 T 时，酶促反应的化学反应率。

一般的 Q_{10} 为 2～3，所以降低 10℃，酶促反应的速度降低为原来的 1/3～1/2。

二、冻结过程

（一）冻结过程

冻结过程包括降温和结晶，结冰曲线如图 12－1 所示：

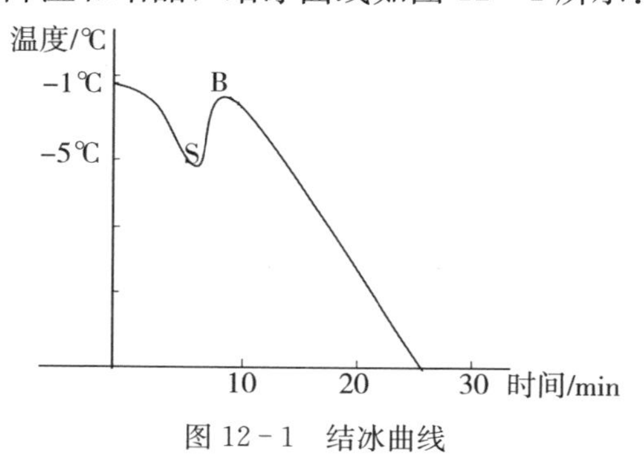

图 12－1　结冰曲线

1. 冰点

冰点是冰结晶出现的温度，也叫冻结点。

2. 过冷现象

实际冻结过程中，温度达到了冰点，但并没有结晶。温度要降低到冰点以下才开始结冰，这一现象称为过冷现象。过冷现象是冰结晶的先决条件。

3. 过冷温度

温度降到冰点以后继续降低，直至开始形成冰晶，然后温度开始回升到冰点。在这个过程中开始形成冰结晶的温度为过冷温度。图 12-1 中 S 为过冷点。

4. 低共熔点温度

在降温过程中，水分逐渐结冰，作为溶剂的自由流动水不断减少，果蔬中的内容物浓度增加，到一定程度浓度不再增加，和水一起凝结成固体。该温度叫低共熔点温度，一般为－65℃～－55℃。

5. 冻结率

果蔬冻结终了时的水分冻结量。

$W=1-T_{冰}/T_{终}$；

$T_{冰}$：冻结点，初温；

$T_{终}$：冻结终温。

例二：果蔬在－5℃～－1℃范围的冻结率＝1－（－1/－5）＝80%。降到－18℃时的冻结率为 1－（－1/－18）＝94.4%。

一般只要 80%的水结冰了，感官上就可以认为是全部结冰了，大部分的水是在－5℃～－1℃下冻结的。

6. 最大冰晶生成区

由于大部分果蔬在－5℃～－1℃可冻结 80%的水，因此－5℃～－1℃这个区域叫最大冰晶生成区，即水分结晶率最大的区域。

7. 快速冻结

速冻是指在 30 min 内通过最大冰晶生成区，使温度降低到－5℃以下。速冻由于时间短，水分来不及流动，形成的冰晶接近水分的天然分布状态，因此形成的冰晶大小均匀，颗粒小、品质好。

8. 缓慢冻结

在 30 min 以上使温度降低到－5℃以下。缓慢冻结是细胞组织间隙的水分先形成小冰晶，周围的水分向冰晶迁移，导致冰晶逐渐增大，因此缓冻往往形成较大的冰晶，大冰晶容易刺伤果蔬细胞，破坏其组织结构，解冻时汁液容易流失。

9. 实用冷藏期（PSL，practical shelf life）

实用冷藏期是指高品质冻结食品的冻藏期限。速冻食品可以保持 1 年以上。冻藏温度通常为中心温度－18℃。

（二）解冻

速冻食品解冻的方法：①可以用空气、水、微波等解冻。②解冻以后应该立即食用。③解冻后不宜再次冻结。④经过冻结解冻的食物比新鲜食物更容易变坏，因解冻后被破坏的组织细胞会渗出大量的蛋白质，容易被微生物利用。⑤解冻后维生素 C 等营养素会损失，叶绿素等色素会发生变化。

（三）冷害、冻害

如果储存温度太低，果蔬会发生冷害现象（图 12－2）。低温储存应注意有一个临界温度。冷害是指在高于冰点以上的不适宜温度下引起果蔬生理代谢失调的现象。冷害表现：产品表面凹陷、出现水浸斑、褐变、内部肉质溃败，产生异味和腐烂等。冻害也叫冻灼，是指在低于冰点的不适宜温度下引起果蔬生理代谢失调的现象。

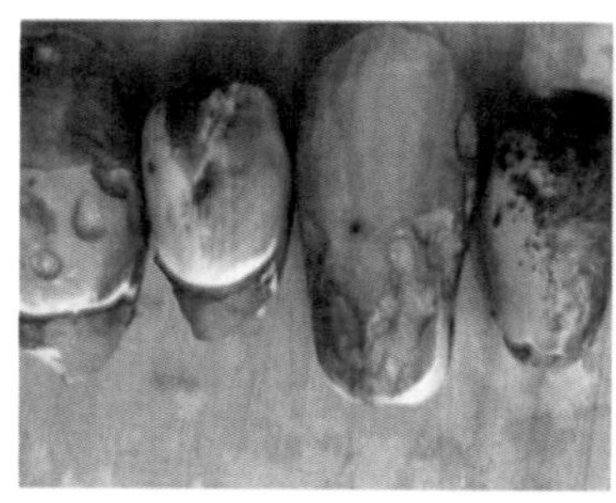
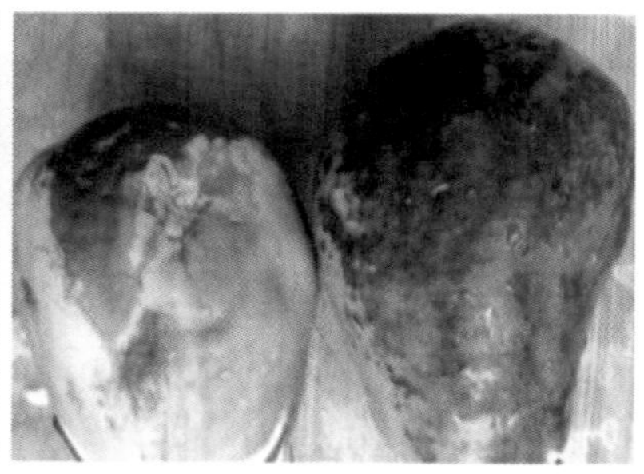

图 12－2　茄子冷害

第十三章 果蔬加工实例

第一节 基础部分

本章所述加工工艺绝大部分均已在实验室进行试验，图片如无特殊说明，即为实验室试验产品。

一、果蔬呼吸强度测定

（一）原理

果蔬采后具有呼吸作用，呼吸是其重要的生理活动，呼吸作用的强弱影响果蔬储存的效果，而呼吸作用的强弱可以通过呼吸强度进行量化，因此测定呼吸强度是果蔬贮运过程中的重要手段，测定结果可以作为低温储存、气调储存等过程的重要参考依据。呼吸强度定义为每千克果蔬每小时释放出CO_2的毫克数。滴定法（静置法）通常是采用定量的碱液吸收果蔬在一定时间内呼吸所释放出来的CO_2，再用酸滴定剩余的碱，即可计算出呼吸所释放出的CO_2量，求出其呼吸强度。反应过程如下：

（1）呼吸放出的二氧化碳被氢氧化钠吸收生成碳酸钠：$2NaOH+CO_2 \rightarrow Na_2CO_3+H_2O$

（2）加入氯化钡与碳酸钠反应生成碳酸钡沉淀：$Na_2CO_3+BaCl_2 \rightarrow BaCO_3 \downarrow +2NaCl$

（3）氢氧化钠用草酸进行滴定：$2NaOH+H_2C_2O_4 \rightarrow Na_2C_2O_4+2H_2O$

（二）药品与器材

材料：苹果、梨、柑橘、番茄、黄瓜、青菜等新鲜果蔬。

试剂：0.2 mol/L 氢氧化钠、0.1 mol/L 草酸、饱和氯化钡溶液、酚酞指示剂、凡士林（密封干燥器用）。

设备：真空干燥器、滴定管架、铁夹、25 mL 滴定管、三角瓶、直径 8 cm培养皿、小漏斗、吸量管（20 mL、5 mL 各一支）、洗耳球、100 mL 容量瓶、分析天平。

（三）测定方法

（1）取 20 mL NaOH（0.2 mol/L）放入培养皿中，将培养皿放入呼吸室。放置隔板，放入 1 kg 果蔬，1 h 后取出（图 13－1）。发生反应：$2NaOH+CO_2=Na_2CO_3+H_2O$。

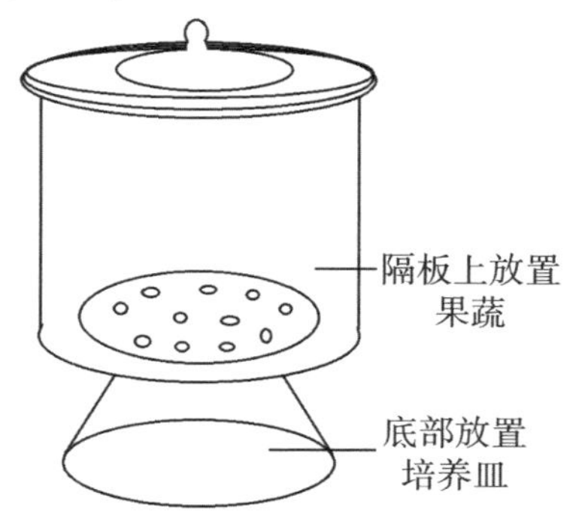

图 13－1　放置碱液及果蔬

（2）把培养皿中碱液移入三角瓶中（冲洗 4～5 次），加饱和 $BaCl_2$ 5 mL 和酚酞指示剂 2 滴。发生反应：$Na_2CO_3+BaCl_2=BaCO_3+2NaCl$。

（3）滴定。用 0.1 mol/L 草酸滴定到红色消失，记录草酸消耗体积 V_2（图 13－2）。发生的反应为 $2NaOH+H_2C_2O_4 \rightarrow Na_2C_2O_4+2H_2O$。

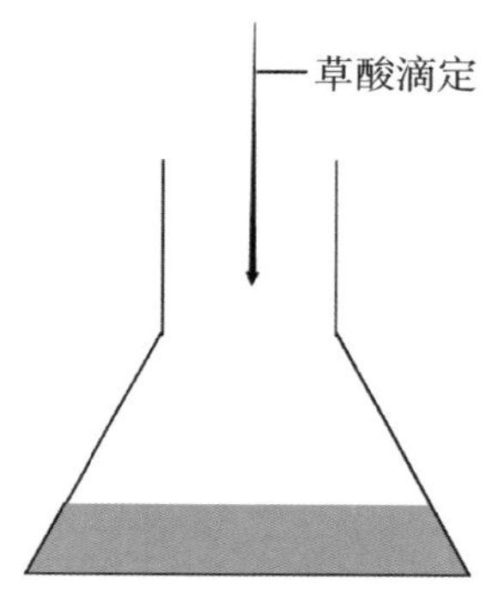

图 13－2　草酸滴定

（4）空白测定。取 0.2 mol/L 的 NaOH 20 mL 放入三角瓶中，加酚酞指示剂 2 滴，用 0.1 mol/L 草酸滴定至红色消失。记录消耗草酸体积 V_1。

计算公式：呼吸强度［CO_2（mg/kg·h）］＝（V_1-V_2）$\times C\times 44/$（$W\times h$）

C—草酸的浓度 0.1 mol/L；

W—样品重量（kg）；

h—测定时间（h）；

44—CO_2的相对分子质量。

说明：草酸的物质的量（mmol）：$V_1 \times C$；

NaOH 的总量（mmol）：$V_1 \times C \times 2$；

呼吸完后剩下的 NaOH 的量（mmol）：$V_1 \times C \times 2$；

与CO_2结合的 NaOH 的量（mmol）（Na_2CO_3）：$V_1 \times C \times 2 - V_1 \times C \times 2$；

CO_2的物质的量（mmol）：（$V_1 \times C \times 2 - V_1 \times C \times 2$）$/2 = V_1 \times C - V_1 \times C$。

二、果蔬硬度的测定

果实的硬度是指果肉抗压力的强弱。硬度和果蔬的储存效果息息相关，硬度大耐储存，同时硬度也可以用来判断果实的成熟度，作为采收的依据。测量硬度的设备为硬度计。

使用方法为：测量前调零，转动表盘，指针与刻线 2 重合，然后用刀将水果削去 1 cm^2左右的皮，连皮测定操作不便，且果皮的压力较大不恒定，往往造成错误结果。测量：右手握硬度计，使硬度计垂直于被测水果表面，在均匀力的作用下将压头压入水果内，此时指针开始旋转，当压到压头刻线时（压入 1 cm）停止，此时指针指的刻度值即为所测的硬度值。测量完毕后按动复位按钮，指针回到调零 2 处（图 13－3）。

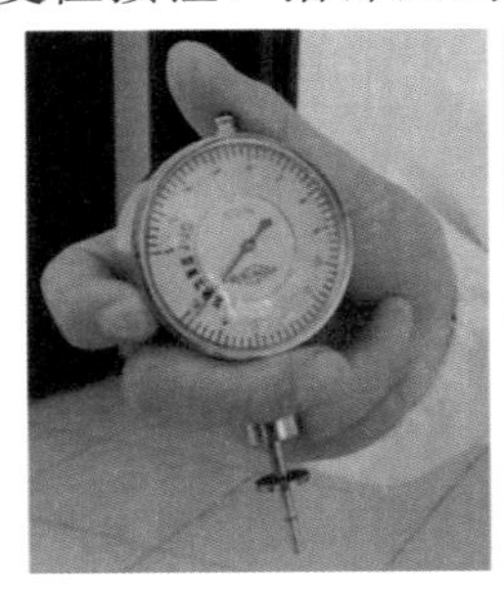
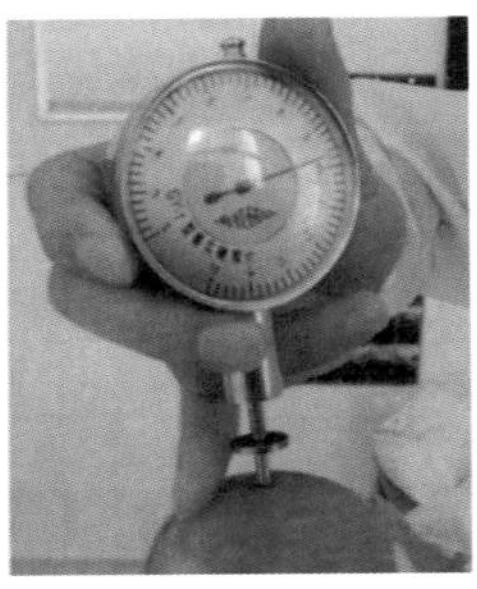
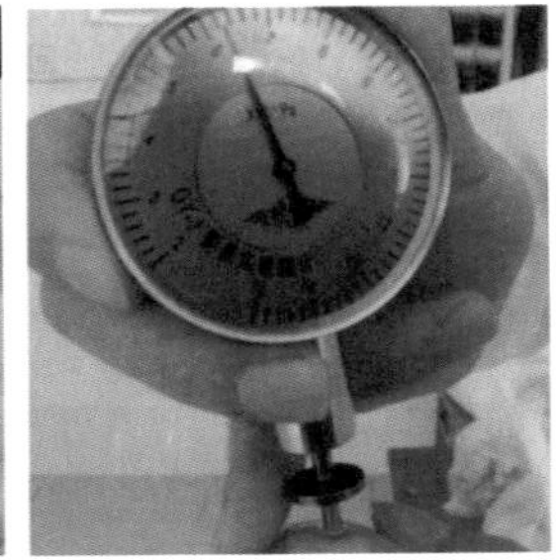

图 13－3　硬度计使用（分别为调零、错误示范、正确示范）

三、果蔬糖度的测定

果蔬糖度一般用可溶性固形物表示，可溶性固形物主要是指可溶性糖类，包括单糖、双糖、多糖（除淀粉外，纤维素、几丁质、半纤维素不溶于水），新鲜果蔬可溶性固形物主要是糖。测定可溶性固形物可以衡量水果成熟情况，作为采收时间的参考。

材料及用具：新鲜水果或蔬菜若干、榨汁机、糖度计、纱布等。

方法步骤：打开盖板，用擦镜纸将棱镜擦干净。取待测溶液数滴，置于检测棱镜上，轻轻合上盖板，使溶液遍布棱镜表面（图 13－4）。将仪器进光板对准光源或明亮处，眼睛通过目镜观察，找到蓝白分界线或明暗交替线。分界线的刻度值即为溶液的浓度（%）。但温度不在 20 ℃，应进行校正。校正数如表 13－1，温度低于 20 ℃，减去表格中数字，反之则加。

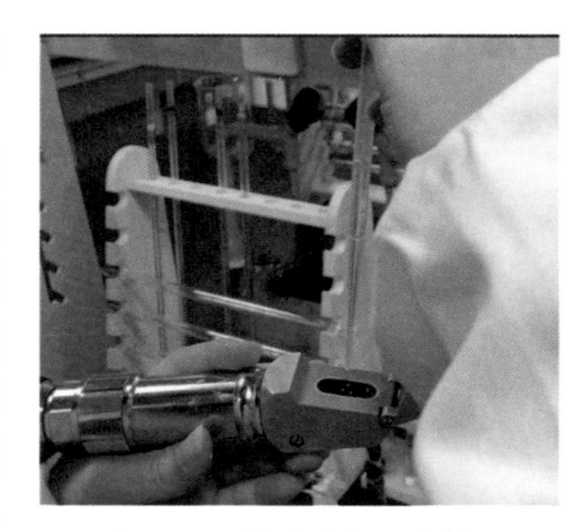

图 13－4　糖度计的正确使用

四、果蔬酶活性的检验

（一）原理

酶活性的检验主要以过氧化酶活性检验为依据。因氧化酶（酚酶）失活条件是 71 ℃～73.5 ℃、5 min，而过氧化酶失活条件是 90 ℃～100 ℃、5 min。过氧化酶能使联苯胺遇到过氧化氢脱氢而产生蓝色的络合物，能使愈创木酚遇过氧化氢变成茶褐色。果蔬中是否有上述酶的存在及酶灭活后是否还有活性都可以用上述试剂检验。若这两个反应没有颜色出现则说明没有酶的活性。

H_2O_2＋联苯胺 $\xrightarrow{\text{过氧化酶}}$ 蓝色

H_2O_2＋愈创木酚 $\xrightarrow{\text{过氧化酶}}$ 褐色

（二）主要材料

新鲜的水果、蔬菜。

（三）仪器与设备

水果刀、温度计、烧杯、竹筷、天平、容量瓶、电炉等。

（四）试剂

0.3%双氧水、2%联苯胺乙醇溶液、2%愈创木酚乙醇溶液。

（五）酶活性的检验

将 2%联苯胺乙醇溶液和 2%愈创木酚乙醇溶液分别倒入培养皿中；新鲜果蔬去皮切片或者切块，将两片分别放入联苯胺和愈创木酚乙醇溶液中浸

表 13-1 糖度计温度校正表

温度/℃	浓度/%														
	0	5	10	15	20	25	30	35	40	45	50	55	60	65	70
10	0.5	0.54	0.58	0.61	0.64	0.66	0.68	0.7	0.72	0.73	0.74	0.75	0.76	0.78	0.79
11	0.46	0.49	0.53	0.55	0.58	0.6	0.62	0.64	0.65	0.66	0.67	0.68	0.69	0.7	0.71
12	0.42	0.45	0.48	0.5	0.52	0.54	0.56	0.57	0.58	0.59	0.6	0.61	0.61	0.63	0.63
13	0.37	0.4	0.42	0.44	0.46	0.48	0.49	0.5	0.51	0.52	0.53	0.54	0.54	0.55	0.55
14	0.33	0.35	0.37	0.39	0.4	0.41	0.42	0.43	0.44	0.45	0.45	0.46	0.46	0.47	0.48
15	0.27	0.29	0.31	0.33	0.34	0.34	0.35	0.36	0.37	0.37	0.38	0.39	0.39	0.4	0.4
16	0.22	0.24	0.25	0.26	0.27	0.28	0.28	0.29	0.3	0.3	0.3	0.31	0.31	0.32	0.32
17	0.17	0.18	0.19	0.2	0.21	0.21	0.21	0.22	0.22	0.23	0.23	0.23	0.23	0.24	0.24
18	0.12	0.13	0.13	0.14	0.14	0.14	0.14	0.15	0.15	0.15	0.15	0.16	0.16	0.16	0.16
19	0.06	0.06	0.06	0.07	0.07	0.07	0.07	0.08	0.05	0.08	0.08	0.08	0.08	0.08	0.08
20	0	0	0	0	0	0	0	0	0	0	0	0	0	0	0
21	0.06	0.07	0.07	0.07	0.08	0.08	0.08	0.08	0.08	0.08	0.08	0.08	0.08	0.08	0.08
22	0.13	0.13	0.14	0.14	0.15	0.15	0.15	0.15	0.15	0.16	0.16	0.16	0.16	0.16	0.16
23	0.19	0.2	0.21	0.22	0.22	0.23	0.23	0.23	0.23	0.24	0.24	0.24	0.24	0.24	0.24
24	0.26	0.27	0.28	0.29	0.3	0.3	0.31	0.31	0.31	0.31	0.31	0.32	0.32	0.32	0.32
25	0.33	0.35	0.36	0.37	0.38	0.38	0.39	0.4	0.4	0.4	0.4	0.4	0.4	0.4	0.4
26	0.4	0.42	0.43	0.44	0.45	0.46	0.47	0.48	0.48	0.48	0.48	0.48	0.48	0.48	0.48
27	0.48	0.5	0.52	0.53	0.54	0.55	0.55	0.56	0.56	0.56	0.56	0.56	0.56	0.56	0.56
28	0.56	0.57	0.6	0.61	0.62	0.63	0.63	0.64	0.64	0.64	0.64	0.64	0.64	0.64	0.64
29	0.64	0.66	0.68	0.69	0.71	0.72	0.72	0.73	0.73	0.73	0.73	0.73	0.73	0.73	0.73
30	0.72	0.74	0.77	0.78	0.79	0.8	0.81	0.81	0.81	0.81	0.81	0.81	0.81	0.81	0.81

泡，取出立即在切片上滴0.3%的双氧水，经1～2 min后，观察两种处理的色泽变化。

酶活性的抑制效果（苹果）如下（图13-5、图13-6、图13-7）。

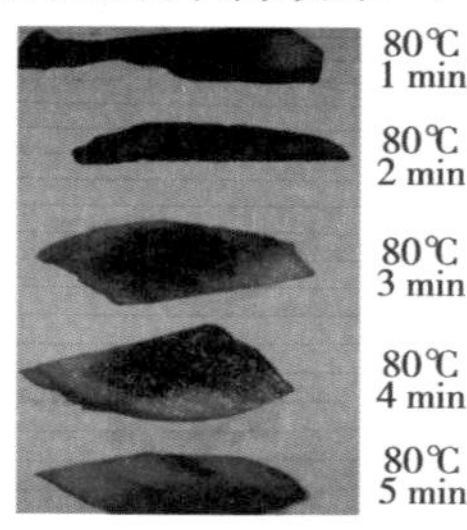

图13-5　80 ℃烫漂后结果

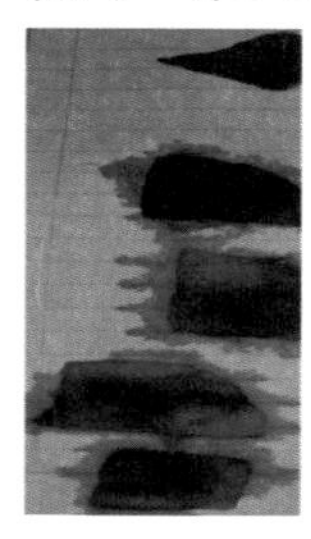

图13-6　90 ℃烫漂后结果

图13-7　100 ℃烫漂后结果

酶促褐变主要是由于食品原料中的多酚类物质在多酚氧化酶的作用下被氧化。高温可以使氧化酶失活，生产中常常利用热烫防止酶褐变。上述图片结果表明80 ℃、90 ℃处理5 min过氧化酶尚未失活，100 ℃处理3 min酶基本失去活性。

五、果蔬护色技术

（一）设备与材料

仪器：恒温水浴锅，干燥箱，榨汁机。

试剂及材料：0.5%CaO澄清液、芹菜、苹果、土豆、1%NaCl、1%食糖溶液、0.1%柠檬酸、0.5%维生素C。

（二）方法

1. 烫漂护色

将苹果、土豆去皮，切片，分别投入80 ℃、90 ℃、100 ℃水中开始计时，每隔1 min取出一片，测定酶活性，直至果片不再变色为止，得出最佳烫漂时间和温度。在此时间和温度下进行烫漂护色，取出投入冷水中及时冷却。

2. 试剂护色

取同样果片放入清水、1%NaCl、1%食糖溶液、0.5%柠檬酸、0.5%维生素C、2%亚硫酸氢钠中，浸泡20 min，取出观察色泽。

3. 干制

将经过烫漂的苹果、土豆放入干燥箱中鼓风干燥，温度60 ℃～65 ℃。观察干制品色泽变化。

4. 榨汁

将经过护色的果片投入榨汁机中榨汁，观察汁液颜色变化。

（三）结果与分析

观察颜色确定烫漂最适时间和温度，注意制作干制品等应护色以后捞出来干制，若制作果汁可直接连同护色液一起榨汁，这样护色效果更好。采用烫漂及食品级试剂对进行加工前的护色，结果表明硫处理、烫漂、柠檬酸、氯化钠、食糖、维生素 C 浸泡可以有效抑制褐变。对梨汁而言，亚硫酸氢钠浸泡护色效果最好（图 13－8），非硫处理技术中维生素 C 浸泡效果较好，柠檬酸和食盐效果不佳。

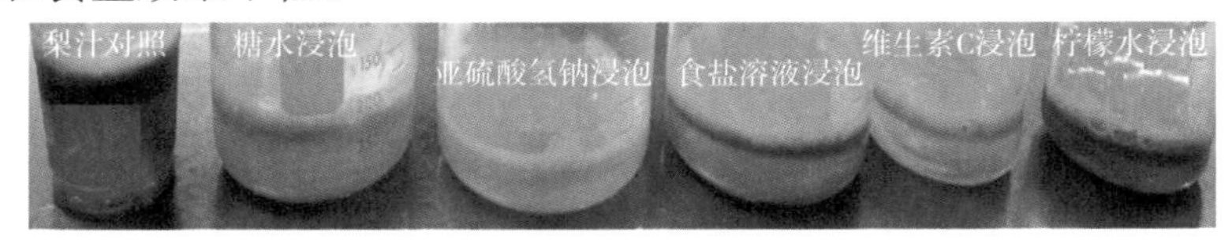

图 13－8　果汁护色效果

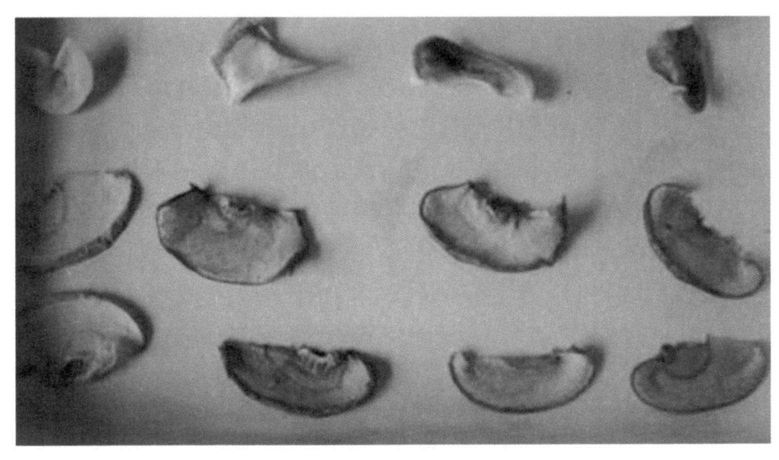

（注：第 1、第 2、第 3、第 4 列依次为亚硫酸钠、柠檬酸、食盐水、对照处理，第 1 行原料为土豆，第 2、第 3 行原料为苹果。）

图 13－9　干制品护色效果

苹果汁容易发生褐变，主要是酶促褐变，氯化钠和食糖的作用都是减少氧气与原料的接触，因氧气在盐水和糖水中的溶解度较少，维生素 C 具有较强的抗氧化作用，而柠檬酸可以螯合促进氧化作用的金属，因此这几种试剂都可以较好地防止酶促褐变。将鲜果浸泡于护色液中，取出榨汁，立即观察果汁色泽，结果表明未经护色的对照液呈现明显褐色，而经过处理的大都较好地保持了果品本来的色泽，非硫护色技术中以0.5%维生素C护色液效果最好，果汁呈绿黄色。

将用试剂护色和烫漂后的果片制成干制品后，未经护色苹果呈黄褐色，采用烫漂处理及蔗糖、氯化钠、柠檬酸处理的果片有轻微褐变，但接近苹果的黄色，感官可接受。土豆片的干制品以亚硫酸氢钠护色效果最好，柠檬酸对土豆片有一定的效果，食盐水效果不佳。

在进行大量生产之前，应根据原料的特性、加工品的种类、加工方法等选择最佳的护色技术。若采用硫处理，应在GB2760允许范围使用，且尽量减少其用量，结合使用多种技术进行护色或采用复合护色剂进行处理。

六、果蔬农药残留快速测定

农药速测卡快速检验方法已经由国家标准委员会通过，定为国家标准方法，GB/T5009.199对食物残留农药的检测卡片已申请专利，专利号为：ZL03226093.8。本方法来自于国标和农残速测卡说明书。农药残留速测卡含有白色和红色药片，白色药片上固定有胆碱酯酶，有机磷类农药及氨基甲酸酯类农药对其有抑制作用，红色药片上固定有底物，正常情况下，两卡片重叠后，胆碱酯酶分解底物生成蓝色的物质，因此出现蓝色即为阴性。存在农药的情况下，酶活性被抑制，不能生成蓝色产物或生成较少，因此不出现蓝色为阳性，蓝色较浅判断为弱阳性。

（一）整体测定法

（1）选取有代表性的蔬菜样品，擦去表面泥土，剪成1 cm左右见方碎片，取5 g放入带盖瓶中，加入10 mL纯净水或缓冲溶液，震摇50次，静置2 min以上。

（2）取一片速测卡，将提取液滴于白色药片上，放置10 min以上进行预反应，有条件时在37 ℃恒温装置中放置10 min。预反应后的药片表面必须保持湿润。

（3）将速测卡对折，用手捏3 min或用恒温装置恒温3 min，使红色药片与白色药片叠合发生反应。

（4）每批测定应设一个纯净水或缓冲液的空白对照卡。

（二）表面测定法（粗筛法）

（1）擦去蔬菜表面泥土，滴2～3滴洗脱液在蔬菜表面，用另一片蔬菜在滴液处轻轻摩擦。

（2）取一片速测卡，将蔬菜上的液滴滴在白色药片上。

（3）放置 10 min 以上进行预反应，有条件时在 37 ℃恒温装置中放置 10 min。预反应后的药片表面必须保持湿润。

（4）将速测卡对折，用手捏 3 min 或用恒温装置恒温 3 min，使红色药片与白色药片叠合发生反应。

（5）每批测定应设一个洗脱液的空白对照卡。

（三）结果判定

与空白对照卡比较，白色药片不变色或略有浅蓝色均为阳性结果，不变蓝为强阳性结果，说明农药残留量较高，显浅蓝色为弱阳性结果，说明农药残留量相对较低。白色药片变为天蓝色或与空白对照卡相同，为阴性结果。对阳性结果的样品，可用其他分析方法进一步确定具体农药品种和含量。

（四）注意事项

（1）葱、蒜、萝卜、韭菜、芹菜、香菜、茭白、蘑菇及番茄汁液中，含有对酶有影响的植物次生物质，容易产生假阳性。处理这类样品时，可采取整株（体）蔬菜浸提或采用表面测定法。对一些含叶绿素较高的蔬菜，也可采取整株（体）蔬菜浸提的方法，减少色素的干扰。

（2）当温度条件低于 37 ℃，酶反应的速度随之放慢，药片加液后放置反应的时间应相对延长，延长时间的确定，应以空白对照卡用（体温）手指捏 3 min 时可以变蓝，即可往下操作。注意样品放置的时间应与空白对照卡放置的时间一致才有可比性。空白对照卡不变色的原因：一是药片表面缓冲溶液加得少、预反应后的药片表面不够湿润；二是温度太低。

（3）速测卡对农药非常敏感，测定时如果附近喷洒农药或使用卫生杀虫剂，以及操作者和器具沾有微量农药，都会造成对照和测定药片不变蓝。

（4）红色药片与白色药片叠合反应的时间以 3 min 为准，3 min 后蓝色会逐渐加深，24 h 后颜色会逐渐退去（图 13－10）。

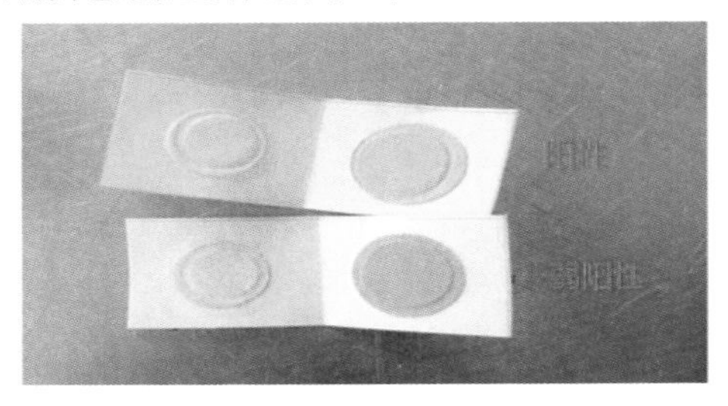

图 13－10　某青菜实验室农残速测结果

七、果蔬催熟和脱涩

（一）脱涩原理

利用果实无氧呼吸产生乙醛与可溶性的单宁结合成不溶性的单宁可进行脱涩。

（二）材料

未成熟香蕉、乙烯利、500 mL 烧杯、盛水大容器、保鲜袋、标签纸。

（三）实验步骤

把香蕉放在乙烯利溶液中浸泡 1 min，沥去药液，装入保鲜袋里密封后，在 20 ℃左右的温度下放置一段时间（图 13－11）。

图 13－11　香蕉乙烯利处理效果（左为对照）

第二节　罐制品加工实例

一、橘子罐头加工

加工过程应符合 GB 8950—2016《食品安全国家标准　罐头食品生产卫生规范》。

（一）材料与设备

材料：新鲜橘子、白砂糖、阿斯巴甜、柠檬酸、异麦芽酮糖、甜蜜素、盐酸、氢氧化钠等。HCl 应符合 GB 1886.9—2016《食品安全国家标准　食品添加剂　盐酸》要求。NaOH 应符合 GB 1886.20—2016《食品安全国家标准　食品添加剂　氢氧化钠》要求。

设备：天平、水果刀、灭菌锅、不锈钢盆、电磁炉、糖度计。

（二）工艺流程

原料选择→清洗→热烫剥皮（90 ℃泡 1～2 min，迅速冷却，量少可选择手工剥皮）→去络、分瓣→酸碱处理→漂洗→整理→装罐→杀菌→冷却→擦罐→入库→检验→成品。

（三）加工过程

1. 去皮分瓣

由于橘子原料的特性，目前大都采用人工分瓣（图 13－12、图 13－13）。

图 13－12 橘子去皮车间

图 13－13 橘子分瓣车间

2. 酸碱处理（去囊衣）

0.4％HCl 浸泡 30 min，直至 HCl 水变成乳白色；清水漂洗；0.4％ NaOH 浸泡 10 min 左右，直至 80％的囊衣容易脱落，砂囊不分散、不起毛、不软烂，清水漂洗。碱液处理完后可以用 1％的柠檬酸中和。上述浸泡时间和浓度根据温度会有所不同（图 13－14、图 13－15、图 13－16、图 13－17、图 13－18、图 13－19）。

图 13－14　酸处理初始阶段

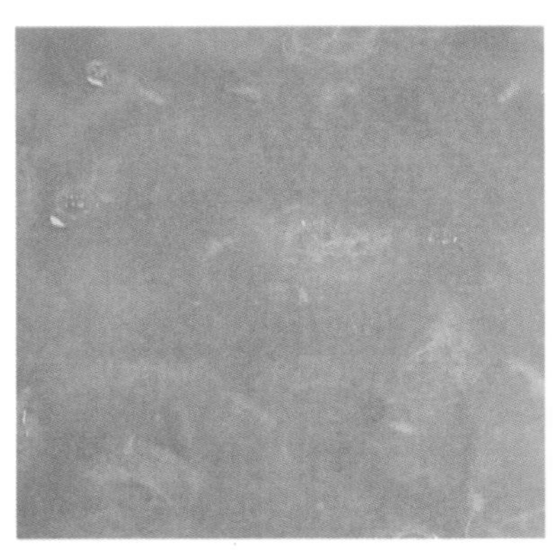

图 13－15　酸处理结束

图 13－16　氢氧化钠浸泡初始过程

图 13－17　氢氧化钠浸泡中间过程

图 13－18　车间橘子经络剔除

图 13-19　酸碱处理完毕的橘瓣

3. 罐头瓶准备

将空瓶、瓶盖都清洗干净，然后用 90 ℃～100 ℃沸水消毒 3～5 min，接着把空瓶倒置，沥干水分备用。

4. 糖水的制备

橘子罐头一般要求开罐糖度为 14%～18%，所配制的糖水按下列方法计算，也可以加入国标允许的甜味剂。查 GB 2760—2014《食品安全国家标准　食品添加剂使用标准》得知可以用于水果罐头的甜味剂有甜蜜素等，低糖罐头可依据国标进行选择。

（1）计算方法

W_1：每罐装入的果肉质量（g）；

W_2：每罐装入的糖液质量（g）；

W_3：净重 W_1+W_2；

X：果肉可溶性固形物含量（%）（m/m）；

Y：须配的糖液浓度；

Z：开罐糖度。

根据糖分装罐后前后一致：$W_3 \times Z = W_1 \times X + W_2 \times Y$。

例：橘子罐头 $Z=14\%$，果肉 W_1 装 55%，糖水 W_2 装 45%，测得 $X=12\%$。

$$Y=\frac{14\% \times 100\% - 55\% \times 12\%}{45\%}$$

（2）配制方法

使用蔗糖用直接法配制，使用糖浆等母液使用间接法配制。

若用糖度计测得橘子果肉中糖度为8%，若要达到橘子罐头的甜酸口感要求，需糖度达到14%左右的开罐糖度。按上述公式计算，应加入的糖水浓度应为20%左右，若设计开发低能量的橘子罐头，根据该设计目的，将糖水的浓度降低至6%，在糖水中加入阿斯巴甜与异麦芽酮糖或甜蜜素来调节罐头口感。

GB 2760—2014《食品安全国家标准　食品添加剂使用标准》罐头允许使用的甜味剂如表13-2，如阿斯巴甜广泛用于食品加工，甜度大，价格便宜，安全系数高。异麦芽酮糖可按生产需要量使用，该添加剂安全无毒。

表13-2　甜味剂及其用量

单位：g/kg

食品甜味剂名称	最大使用量
纽甜	0.033
甜蜜素（环己基氨基磺酸钠）	0.65
三氯蔗糖	0.25
阿斯巴甜	1.0
天门冬酰苯丙氨酸甲酯乙酰磺胺酸	0.35
安赛蜜	0.3
异麦芽酮糖	按生产需要适量使用

扩大生产过程中若研发低糖度产品，实验室小试可先设计单因素试验加入上述甜味剂，以弥补口感上的差异。在单因素试验的基础上可根据价格等因素加入两种以上的添加剂。若添加多种甜味剂，总添加比例不得高于1。

单因素试验设计示例如表13-3（以异麦芽酮糖为例），其中甜度评分为感官评价法。

表13-3　甜度评分参考表

异麦芽酮糖加入的量/（g/kg）	甜度评分
0.1	
0.2	
0.4	

续表

异麦芽酮糖加入的量/（g/kg）	甜度评分
0.6	
0.8	
1.0	
1.2	

5. 装罐

装罐量一般为固形物与糖液之比≥55∶45，装好橘片后注入75 ℃的热糖液，至离罐口约0.5 cm处。注意装罐操作橘片要装满，否则会“游泳”，然后用热的糖液浇注（图13-20）。若需加入柠檬酸调节甜酸度，应先测定橘片中的柠檬酸含量，再计算需加入的柠檬酸量，通常情况下为简化工艺也可以不加。

图13-20 装罐示范

6. 排气

可采用热装罐排气，注入烧开的糖水，利用热空气往上流动的趋势将冷空气排除，这种方法简单易行。或冷装罐后将盖预封，放入75 ℃左右的热水里面排气10 min左右再将盖拧紧。工业上一般装入热糖水，预封后真空排气再封盖（图13-21）。

图 13－21　车间灌汤封口

7. 杀菌

密封后将其放入灭菌锅，杀菌温度为 100 ℃，时间为 15 min。橘子杀菌公式如下，5 min 之内将温度升至 100 ℃，保持 15 min，5 min 之内降温。

$$\frac{5'-15'-5'}{100\ ℃}$$

8. 冷却

果蔬罐头冷却要注意两点，一是要通过分级冷却，不能直接放在空气中或冷水中冷却，因为罐头里面的温度与外界温差太大，容易造成罐头炸裂。二是要立即冷却，冷却时间太久容易造成罐头具有煮熟的味道。所以先冷却在 65 ℃水中 10 min 左右。再进行第二次冷却，第二次冷却在 45 ℃水中 10 min，之后才能在 37 ℃水中冷却，这样才不会导致炸罐。小规模制作可往灭菌锅里面慢慢倒冷水，然后倒掉冷水，再加冷水。最后冷水中泡 10 min 左右即可。

9. 保温

37 ℃保温一星期，观察有无异样。

10. 产品质量要求

柑橘片橙黄色或金黄色，色泽较一致。糖液清洗较透明，允许有少量果肉碎屑，具有本品种应有的风味，酸甜适口，无异味，囊衣去净。组织软硬适度，橘片大小完整，均匀一致，开罐时糖液浓度为 14%～18%。按该法加工的橘子罐头保质期长，可达 1 年半以上。小试产品如图 13－22，扩大生产可以根据需求选择各种规格的罐头瓶，并配以规范的标签。

图 13-22 橘子罐头产品

注意事项：

（1）酸碱处理环节，一般室温 20 ℃左右，0.4%的酸+0.4%的碱组合较为合理，时间控制得当。根据实验室试验结果，用 HCl 浸泡（0.4%）25 min 左右，再用 0.4% NaOH 泡 15 min 左右，囊衣基本去除。直接用 0.4%碱处理浸泡 30 min 左右，囊衣 80%去除。直接用碱泡工艺更为简单，但不太均匀，有的已经泡至软烂，有的筋络还没有去除，要注意搅拌；用酸碱法比较均匀。可根据实验室条件和实际情况进行选择。碱液浓度、浸泡时间、温度三者是相互联系的。若气温较低，可将碱液加热，或将浓度增大。

（2）物料衡算 150 g 中等罐头瓶，5 kg 大约可以做 20 瓶。原料选小橘子比较好。冬季椪柑、沃柑也可加工成罐头，操作相同。

（3）冷却时操作要注意冷水不能碰到玻璃罐，否则会炸裂或出现裂缝。

二、藠头罐头加工

（一）材料

藠头、白糖、食盐、$CaCl_2$、冰乙酸等。冰乙酸应符合 GB 1886.10—2015《食品安全国家标准　食品添加剂　冰乙酸（又名冰醋酸）》要求。

（二）设备

台秤、分析天平管等。

（三）工艺流程

原料整理→分级→盐渍→休整→脱盐→漂洗→配制汤汁→装罐→密封→杀菌→冷却→成品。

（四）操作要点

1. 盐坯腌制

新鲜藠头 100 kg，食盐 15 kg，$CaCl_2$ 0.1 kg。应尽快清洗，洗去泥沙即可，不宜长期浸泡，保持藠头组织结构完整不破损。按下池鲜藠头 15% 的盐，0.1% 的 $CaCl_2$，先用约 2/3 的盐按一层藠头一层盐，底轻面重撒入池中（盖上草帘等，小规模可用保鲜膜覆盖），剩下的盐用水配成 12% 左右的盐水洒入池中，水的高度约为池的 1/3。管理过程每小时 2～3 次吸取盐水淋面，藠头开始发酵，会有泡沫，6～8 d，发酵结束，泡沫回落。6～8 d 后，抽去草帘，称取鲜藠头 0.5% 的冰乙酸用原池中的盐水稀释，均匀的撒入池中。盖竹帘，压上石头，以盐卤浸没藠头为准。

注意：家庭做法可用食醋代替冰乙酸，食醋中的醋含量一般 2.5% 左右，换算成食醋的加入量。中途醋、水分会挥发，要及时淹没，并加盖，否则上层容易长霉，添加食醋淹没，或冰乙酸溶液淹没。

2. 脱盐

藠头脱盐到 4%，用清水浸泡 20 min 换水，最后用流水冲洗。

3. 产品配方

脱盐藠头 60 kg，汤汁 40 kg（白砂糖 20%，食盐 4%，$CaCl_2$ 0.1%，冰乙酸 1.3%）。汁烧开再罐装，直接灭菌。

若制作软包装藠头罐头，在藠头脱盐后，根据口感需求拌料，一般为辣椒、味精等。再经装袋，真空包装，巴氏杀菌，冷却即可。

（五）质量标准

色泽乳白，有晶莹感，有轻度的挥发酸及藠头的清香，甜酸可口，醇厚绵长，微咸，颗粒饱满，质地脆嫩。

（六）注意事项

藠头要求颗粒大，饱满无青头，无机械伤，无病虫害（图 13－23、图 13－24）。

图 13－23 藠头罐头

图 13－24 软包装藠头罐头

三、菠萝罐头加工

（一）工艺流程

原料选择→洗果→去皮→切端→修整→切片→装罐→排气→密封→杀菌、冷却→成品。

（二）操作要点

1. 原料选择

选用原料应新鲜，果形大，圆柱形，芽眼浅，果内淡黄色，多汁，纤维少的菠萝品种，成熟度适中，风味正常，无病虫害，无腐烂变质及机械伤等。

2. 洗果

将果实浸入清水中，洗净果实外表附着的泥沙、杂质，规模较大时可使用自动清洗机（图 13－25）。

图 13－25　菠萝自动清洗

3. 去皮

可用菠萝去皮设备削去外皮，切去两端。

4. 修整

去皮后的果肉，用刀削去伤疤及腐烂部分，再淋洗 1 次。

5. 切片

将果肉切成环形圆片，每片厚度可根据实际需要进行调整。将片形完整、不带果目、斑点等缺陷的片选出装罐，凡带有青皮、果眼、斑点、机械伤等的果片应选出，经二次去皮后再使用。

6. 装罐

空罐用 90 ℃以上热水清洗消毒，沥干水分。装罐时控制糖水浓度 14%～18%，装罐时的糖水温度为 90 ℃以上，糖水浓度的计算与橘子罐头一致。

7. 杀菌、冷却

杀菌公式为 5′—15′—5′/100 ℃，杀菌后立即冷却至 38 ℃左右。

8. 质量标准

果肉为淡黄色至金黄色，色泽一致，糖水透明，有成熟菠萝特有的风味，甜酸适口，无异味。果肉软硬适度，块形完整不带机械伤和虫害斑点，同一罐中块形大小均匀（图 13－26）。

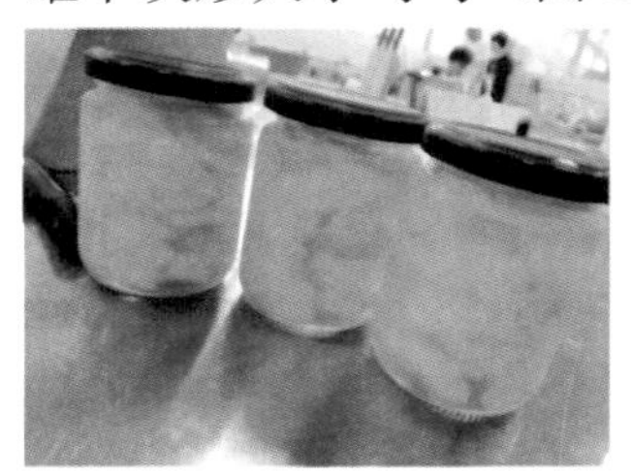

图 13－26　菠萝罐头产品

四、梨子罐头加工

（一）原料选择

选择成熟一致，无病虫害及机械损伤的果实。

（二）去皮

用削皮刀去皮并对半切开，用挖果刀挖去果心（图 13－27）。立即投入 0.2%的柠檬酸水溶液，以防变色（图 13－28）。

图 13－27　梨去皮、修整

图 13－28　柠檬酸浸泡护色

（三）热烫

经整理过的果实投入沸水中，热烫 5～10 min 软化组织至果肉透明为度。投入冷水中冷却。

（四）整修

将处理过的梨修整成大小均匀的条状。

（五）装罐

将整理过的果实装入 2 旋玻璃罐，装罐时果块尽可能排列整齐并称重。所配糖液溶度依水果种类、品种、成熟度、果肉装量及产品质量标准而定。我国目前生产的糖水水果罐头一般要求开罐糖度为 14%～18%。

（六）注糖液

将 90 ℃的热糖液（糖液含 0.1%～0.2%的柠檬酸）注入罐中。

（七）排气及封罐

装满的罐放入热水锅或蒸汽箱中，罐盖轻放在上面，在 95 ℃左右下加热至罐中心温度达到 75 ℃～85 ℃，经 5～10 min 排气，立即封盖。

（八）杀菌及冷却

封罐后将罐放到热水锅中继续煮沸 15 min，然后逐步用 67 ℃、45 ℃、37 ℃温水冷却。最后将罐身的水分擦干（图 13－29）。

图 13－29　梨罐头

五、荔枝罐头加工

材料：荔枝、白砂糖等。

用具：盆、电磁炉、罐子等。

工艺流程：将罐子用开水消毒→准备荔枝→剥皮→去核→准备糖液并煮沸→趁热装罐→杀菌→冷却。按上述方法制成的产品如图 13－30。

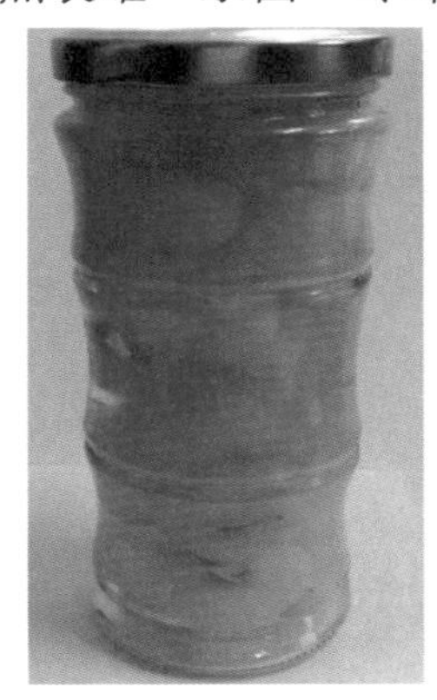

图 13－30　荔枝罐头产品

六、提子罐头加工

提子罐头工艺类似于上述水果罐头，提子去皮宜采用热力法。将提子于沸水中加热至表皮裂开，立即捞出投入冷水中，用镊子夹去表皮（图 13－31 左），防止产品果肉未装满而出现“游泳”现象（图 13－31 右）。

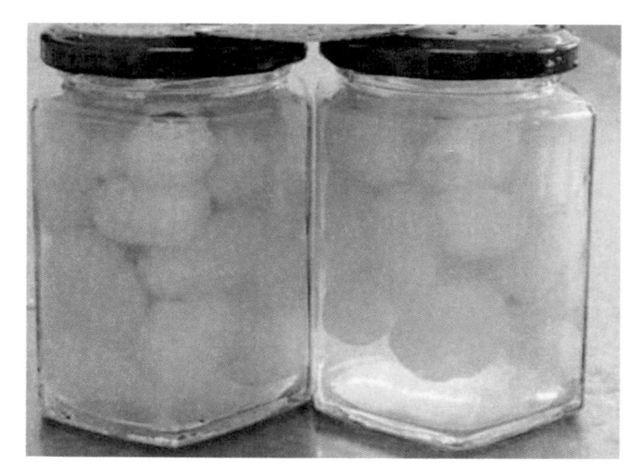

图 13－31　提子罐头

七、黄桃罐头加工

材料：黄桃、白糖、柠檬汁、水适量。

加工方法：将黄桃洗净去皮，切成小块，将果肉装入罐头瓶，加入20％糖水，加入 15 g 柠檬汁，杀菌、冷却（图 13－32、图 13－33）。

图 13－32　正常黄桃罐头

图 13－33　不良黄桃罐头（左）与正常罐头（右）比较

第三节　糖制品加工实例

一、冬瓜糖加工

（一）基本工艺

原料→去皮→切分→硬化→浸漂 12 h→烫煮 10 min→第一次糖渍（煮

1 min，趁热加30%的糖）→渍12 h→第二次糖渍（煮沸5 min，加余糖一半）→糖渍12 h→糖煮（煮沸后将余糖分次加入）→烘干。

以连续三天操作为例。

第一天上午（0 h）：原料去皮，切成1.5 cm×1.5 cm×5 cm的瓜条，称重；准备1.5%的石灰水；浸泡硬化12 h左右。第一天晚上（12 h）：检验硬化效果，用自来水冲洗石灰水，换水3～4次，然后浸泡在流水中12 h（图13-34）。

图13-34　硬化后的瓜条

第二天上午（24 h）：烫煮5～10 min（图13-35），用清水冲洗，瓜条会变透明。准备糖，称取冬瓜条重量80%的糖。第一次糖渍，将冬瓜条热烫1 min，趁热加总糖的30%，腌12 h。第二天晚上（36 h）：第二次糖渍，将瓜条及糖液倒入锅中加余糖的一半，煮沸3～5 min，糖渍12 h。

图13-35　未烫煮和烫煮的瓜条对比

第三天上午（48 h）：糖煮，将瓜条及糖液煮沸10 min，将余糖分2～3次加入，后小火煮至水分完全蒸发，防止焦化。冷却，返砂。有必要可进行低温风干，温度不宜太高，否则返砂的糖会融化。

（二）工艺改进

上述工艺为传统冬瓜糖制作工艺，操作简单，但耗时长，白糖用量多，产品返砂全部来自于本身白糖，产品甜腻。为减少白糖用量，使产品甜度下降，同时又具有返砂蜜饯的效果，可进行工艺改进，用糖总量为瓜条重量的30%，其余工艺不变，最后将瓜条裹一层糖粉（图 13-36、图 13-37、图 13-38）。

图 13-36　散装冬瓜糖

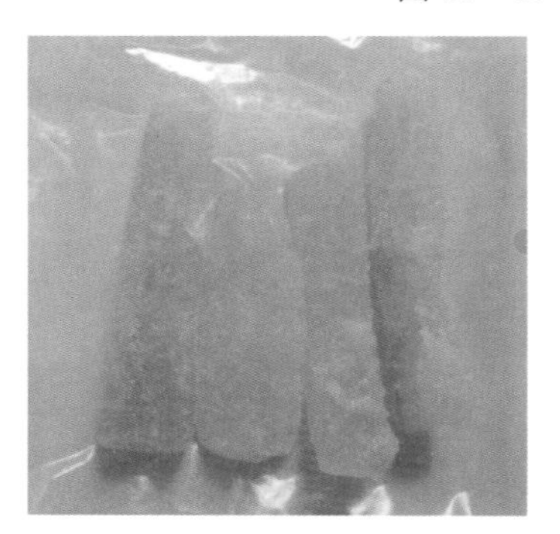

图 13-37　包装冬瓜糖

图 13-38　裹糖粉冬瓜糖

二、返砂蜜饯（糖姜蜜饯）加工

以白糖姜片为例，介绍整个返砂类蜜饯加工的工艺过程及操作技术的一次煮成法。

（一）材料及用具

材料：生姜、白糖、柠檬酸。

用具：台秤、分析天平、量杯、不锈钢菜刀、水果刀、砧板、电炉、不锈钢盆或白瓷盆、圆勺、漏勺、竹沥箕。

（二）工艺流程

原料→去皮→切分→预煮→糖煮→收锅→冷却→包装→成品。

（三）操作要点

1. 原料处理

原料选择充分长成的肥嫩子姜，要求无病、虫、腐烂、霉变现象；先用清水洗净泥沙，再用水果刀刨去姜皮；用不锈钢菜刀横着斜切成 0.2～0.3 cm厚的薄片后称重。

2. 预煮

预煮液为低浓度的柠檬酸溶液，其重量同姜片重，方法是先将水煮沸后加入 0.2%的柠檬酸，再投入姜片，煮沸 5～8 min，捞出于竹沥箕内，摊开沥去明水（图 13－39）。

图 13－39　使用柠檬酸预煮过程

3. 糖煮

糖姜片可采用一次糖煮法。称姜片重的白糖，先用一半量的白糖加与姜片同重的水煮沸后投入姜片，煮 8～10 min，又加剩余糖的一半，再煮 6～8 min，将全部糖加入，继续用微火煮到糖液拉丝或返砂时收锅。火候过大或熬煮过头会导致焦糖化而不返砂，或返砂而颜色偏暗，口感黏稠（图 13－40）。

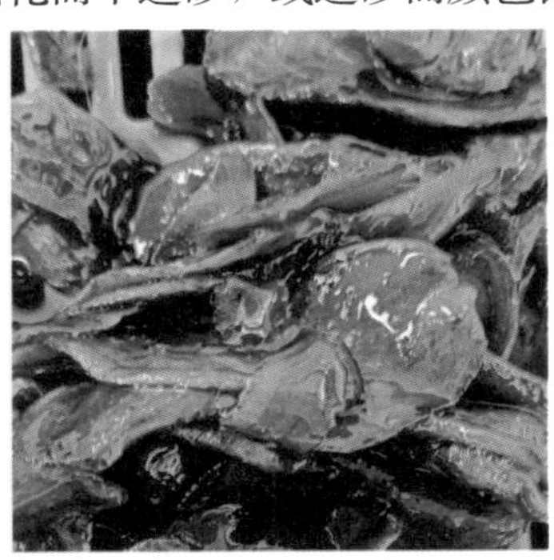

图 13－40　糖煮过头的产品

4. 冷却

收锅后于竹沥箕内沥去糖液，扒开、翻拌、冷却后放于白色瓷盘内。

5. 包装

待姜片完全冷却后用聚乙烯塑料袋包装，即为成品。

（四）注意事项

切分时既要切断纤维，又要尽可能的使姜片个体大，同时厚度应一致；预煮后迅速将姜片摊开冷却，沥去明水；糖煮时无须加盖，同时应控制糖煮的温度、时间及浓度，否则会达不到糖煮的目的。

（五）产品质量要求

形态完整、饱满、姜黄色、半透明，具有生姜的独特风味。外干内湿不黏手。由于生姜原料成熟度、产地、品种差异，各批次产品色泽有少许差异，但仍在感官可接受范围（图 13－41、图 13－42、图 13－43）。

图 13－41　散装糖姜蜜饯

图 13 - 42 真空包装糖姜蜜饯

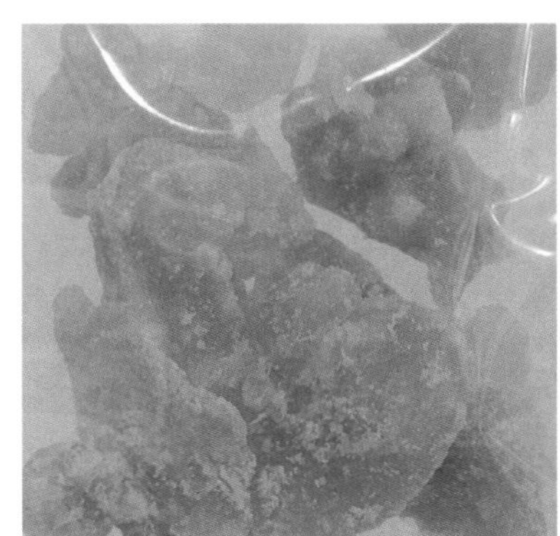

图 13 - 43 普通热封包装糖姜蜜饯

（六）操作说明

图 13－44 糖姜蜜饯焦糖化

（1）为增加产品硬度，可在预煮水中加入 0.5%氯化钙。加柠檬酸的返砂效果会略低，由于蔗糖在酸性条件下部分水解，转化糖不易返砂。但熬煮时颜色黄亮，成品透明度好。

（2）小规模加工，一次性制作产品不宜太多，水分不易干，不易拉丝。

（3）不宜用嫩姜，水分太多，不容易返砂。

（4）火候不能太大，否则会焦糖化。焦糖化的产品（图 13－44）不返砂，但有嚼劲，口感尚可。

三、果冻加工

（一）材料

果冻粉、白糖、乳酸钙、橘子香精（或橘子原汁）、柠檬黄、苋菜红、靛蓝、柠檬酸等。

（二）配方

果冻粉 10%，白砂糖 15%，蛋白糖 0.1%，柠檬酸 0.2%，橘子香精（每 500 g 1～2 滴，或橘子汁 20%），乳酸钙 0.1%，柠檬黄（参考值 0.01%，实际加工过程可根据需要自行调色）。

（三）加工工艺

溶胶→煮胶→消泡→调配→罐装→封口→成品。

（1）溶胶：将果冻粉、白糖、蛋白糖按比例混合均匀。

（2）煮胶：边加热边搅拌，完全溶解，微沸 8～10 min。

（3）调配：70 ℃pH3.5～4.0（加酸加色素）。

（4）罐装封口。

（5）杀菌冷却（巴氏杀菌）

（四）注意事项

GB 19299—2015《食品安全国家标准　果冻》2016 年 11 月实施，要求杯形凝胶果冻杯口内径后杯口内侧最大长度应≥3.5 cm，其他果冻净含量≥

30 g或内容物长度≥6 cm。且应在醒目位置标示“勿一口吞食；三岁以下儿童不宜食用，老人、儿童需监护下食用”。因果冻没有透气性，防止老人小孩一口吞食。

（五）工艺调整

（1）实际加工过程可根据产品需求、设备条件等进行工艺调节。若采用的原料为果冻粉，则按果冻粉的说明进行配比即可。果冻粉中已含有增稠剂，若采用的是果胶、卡拉胶、琼脂等增稠剂，则先试验其成胶能力，一般1.5%～2%即可成胶。查阅GB2760选择合适的胶，如刺云实胶最大使用量5.0 g/kg，罗望子多糖胶2.0 g/kg。

（2）果冻的配色宜根据需要先行确定色素配比，选用三种原色进行调色，记录使用的配比，以便重复试验，由于色素使用量少，小规模加工可先将色素水调好，再加入其他原料。若在加工过程中加入固体色素粉末，则不易控制产品色泽。

（3）可以使用果汁代替水，同时还可以加入果粒等。使产品具有水果的色泽和香味，增加产品的营养价值和食用安全性。

图13-45所示产品为自行调色，使用果冻粉制作的果冻。

图 13 - 45　果冻产品

（六）山楂果冻的加工工艺

山楂干片，加入 3 倍水，浸泡过夜

↓

煮沸 5 min（沸腾后保持 5 min）

↓

放置 5～10 min 浸提

↓

2 层纱布过滤　①

↓

滤渣再加 3 倍水，煮沸，浸提，过滤　②

↓

重复②①，三次滤液混合，称重

↓

煮沸，加琼脂 0.2%～0.3%溶解

↓

加糖，浸提液与糖的比例为（1∶0.6）～（1∶0.8），将糖分次加入即可。

四、番茄酱的加工

（一）标准概述

GB/T 14215—2008《番茄酱罐头》对番茄酱的标准为：低浓度番茄酱

罐头含可溶性固形物 12.5%～22%（不含 22%），中浓度番茄酱罐头含可溶性固形物 22%～28%（不含 28%），高浓度番茄酱罐头含可溶性固形物 28%～36%（不含 36%），特高浓度番茄酱罐头含可溶性固形物≥36%。农业部 NY/T 956—2006《番茄酱》标准对番茄酱的标准为低浓度番茄酱罐头含可溶性固形物单一包装≥22%，每批平均≥24%，高浓度番茄酱罐头含可溶性固形物单一包装≥26%，每批平均≥28%。以上均为推荐性标准。

（二）加工工艺

1. 原料

挑选无腐烂、无病虫害的成熟番茄洗净，然后放入锅里煮至皮开裂，取出，冷水冲淋，剥皮。

2. 打浆

将番茄用组织捣碎机捣碎（图 13-46）。

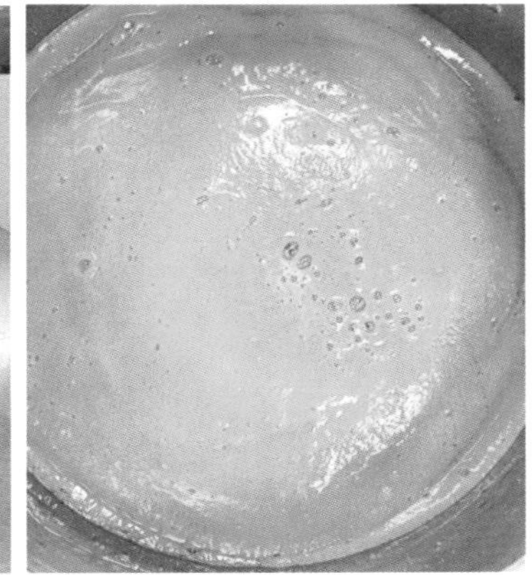

图 13-46 打浆后的番茄

3. 调料

原料：番茄 1000 g、白砂糖 200 g、柠檬酸 10 g、食盐 20 g、五香粉少许。

做法：番茄酱中加入五香粉、白砂糖、食盐，搅拌均匀，使其完全溶解。可根据口感需求再加入少许洋葱、大蒜末、胡椒粉等调料。

4. 浓缩

将番茄浆放入锅内用温火煮熬，边煮边搅拌，熬至浓稠糊状，趁热装入清洁干净干燥的玻璃瓶里，加盖密封，浓缩过程颜色会变深、变红。放低温干燥处贮存（图 13-47、图 13-48）。

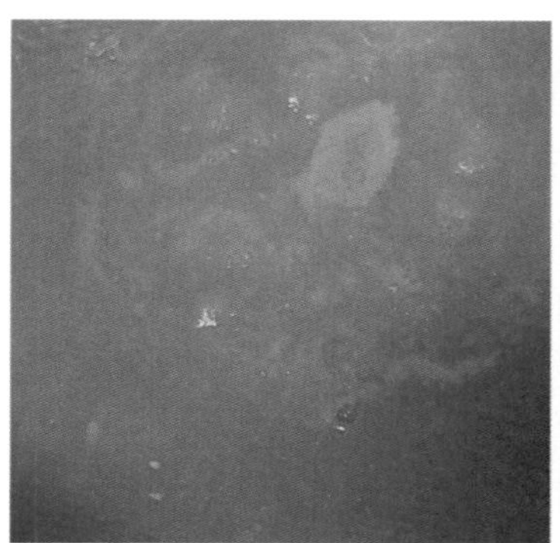
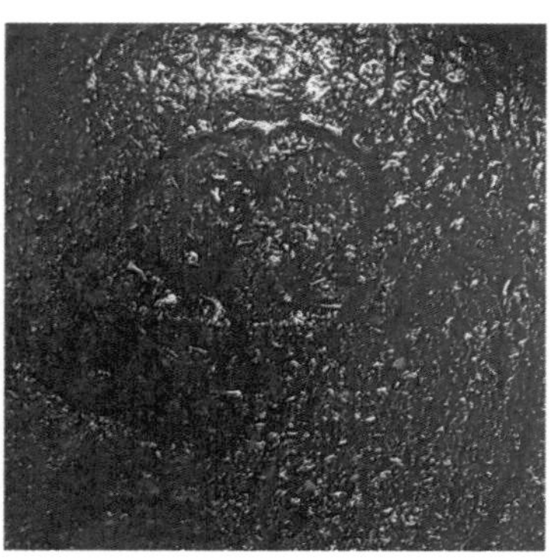

图 13-47　浓缩中的番茄酱

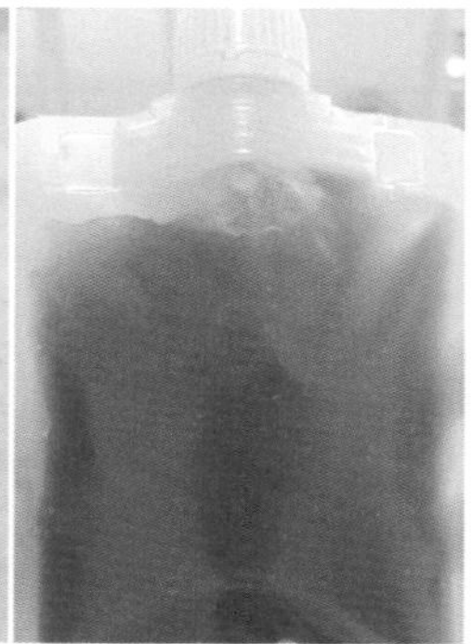
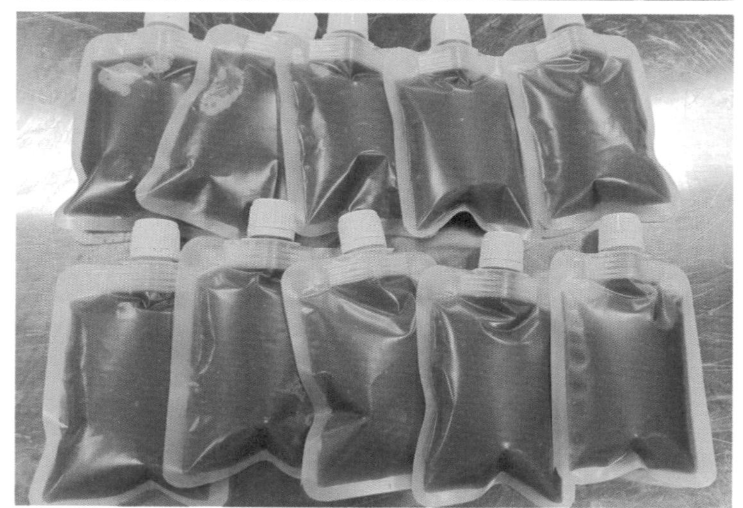

图 13-48　番茄酱产品

五、山楂草莓果酱加工

（一）材料与设备

材料：新鲜山楂、草莓、白砂糖、柠檬酸、果胶、黄原胶等。

设备：分析天平、灭菌锅、不锈钢盆、夹层锅、电磁炉、组织捣碎机、手持糖度计、温度计等。

（二）工艺流程

山楂→清洗→去核→软化→打浆→山楂浆

↓

草莓→清洗→去梗、萼片→软化→草莓浆→混合打浆→熬煮→调配浓缩→装罐、密封→杀菌→冷却→成品

（三）加工过程

（1）草莓处理。将洗净的草莓放入沸水中烫漂 1 min 左右，使果肉软化，可以使打浆顺利进行，另一方面将酶灭活，防止褐变。

（2）山楂处理。挑选无病虫害、新鲜的山楂果实，清洗，去梗，去核，再放入夹层锅中，加入原料重量 1/3 的水，煮 3 min，充分软化，再打浆。

（3）混合均匀。将草莓浆和山楂浆按照一定比例混合。两者的比例可根据个人口感和营养需要进行调节，本试验以 1∶1 作为试验参数。

（4）辅料调配。白砂糖加入 1 倍重量的热水溶解，各种增稠剂在水浴锅中加热溶解，待用。白糖用量为原料重量的 50%。果酱制作过程可根据 GB2760—2014《食品安全国家标准　食品添加剂使用标准》进行选择，不可超量和超范围使用。可选择黄原胶、卡拉胶、果胶等增稠剂，这些均为可按生产需要量使用的添加剂。以黄原胶为例，黄原胶可按其 GB 1886.41—2015《食品安全国家标准　食品添加剂　黄原胶》方法进行溶解，称取 1g（精确到 0.01 g）试样，慢慢倾入装有 100 mL 水的烧杯中，浸泡 15 min 后，小心将搅拌棒浸入水中，慢慢开启搅拌器至转速 200 r/min，25 min 后即可完全溶解。根据前期试验结果，选择增稠效果较为理想的用量，黄原胶的加入量为原料重量的 0.3%左右可达到较好的状态，实际加工过程可根据产品需要调节用量。

（5）加热浓缩。调配均匀后加柠檬酸，调节 pH 值到 3.5 左右，开始浓缩。果浆体煮沸后，将白砂糖浆分 3 次加入浓缩汁中，可溶性固形物含量达 40%，加入增稠剂，搅拌均匀，继续浓缩至温度 102 ℃～103 ℃时出锅。

（6）罐装、排气、密封。将玻璃瓶洗净，煮沸 15 min，果酱趁热迅速灌装，在 30 min 之内完成分装，将温度保持在 80 ℃以上，留有 5 mm 左右的顶隙。

（7）杀菌、冷却。常压杀菌为 100 ℃煮沸 15 min，分段快速冷却，从 67 ℃到 45 ℃，再到 37 ℃。冷却，成品。

（四）产品的特点

果酱的颜色均匀有光泽度，色泽红亮，组织细腻，无汁液析出，有山楂与草莓的混合果香味，口感酸甜可口，甜而不腻。产品老少皆宜，保质期常温储存一年以上，可用作早餐配上吐司面包食用。以 150 g 罐头瓶进行包装，杀菌，保温期内不会出现胀罐等不良现象，产品保质期 1 年以上。

产品如扩大生产也可以选择其他添加剂，使用品种和用量应查询 GB 2760—2014《食品安全国家标准　食品添加剂使用标准》，严格按照国标进行操作。加工过程应符合 GB8950—2016《食品安全国家标准　罐头食品生产卫生规范》（图 13－49）。

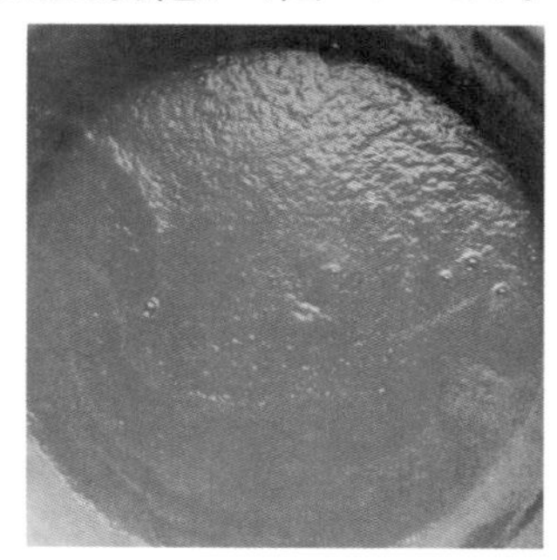

图 13－49　山楂草莓果酱

六、苹果酱加工

（一）工艺

苹果去皮→去核→称重→热烫→榨浆→加糖煮制。

（二）操作要点

热烫用水参考：苹果 3 kg，水 0.5～1 kg，水不宜太多，否则不容易熬煮，太少则不利于烫漂。榨浆使用组织捣碎机捣碎，热烫用水一并加入。苹果与糖的比例为（1∶1）～（1∶0.6），可采用 1∶0.8，第一次加糖的一半，剩下的分 3～4 次加入；如太浓可配成糖水加入。煮制时煮到温度

102 ℃～103 ℃，说明糖的浓度为65%～70%，产品颜色金黄为宜。煮制过程中，可以加柠檬酸，配成酸溶液加进去，可以先测酸度，酸度1%左右比较适合。

（三）工艺改进

上述方法制成的苹果酱色泽金黄，具有苹果特有的香味，但甜腻，若要降低白糖用量，可进行工艺改进。以制作可溶性固形物20%的果酱为例，测得苹果中可溶性固形物含量为8%，苹果5000 g。烫漂时加水1.5～2 kg，产品以4000 g计（进行小试确定产品得率），需加入的白砂糖为400 g。如需加入增稠剂并掺水使产品为8000 g，则加入白糖1200 g，增稠剂以小试结果为依据，一般按产品的0.1%～0.3%即可达到黏稠的效果（图13－50）。

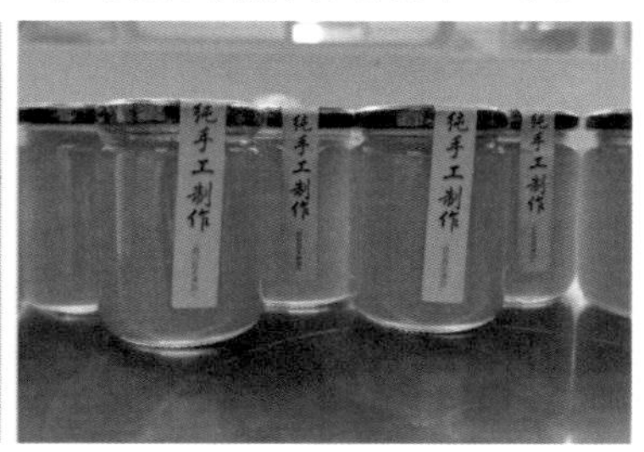

图13－50　苹果酱

七、猕猴桃酱加工

将猕猴桃去皮切块，放入粉碎机打碎。将黄原胶溶解倒入粉碎机打至组织状态均匀。将白砂糖和黄原胶混匀。将打碎的猕猴桃和白砂糖黄原胶倒入不锈钢锅中煮，不停搅拌，防止黏锅。待水分蒸发熬至102 ℃左右即可。趁热装罐，巴氏杀菌，冷却（图13－51）。

图13－51　猕猴桃酱

八、冰糖梨浆加工

第一步原料准备、清洗。本示例共用梨 24 kg（图 13－52）。

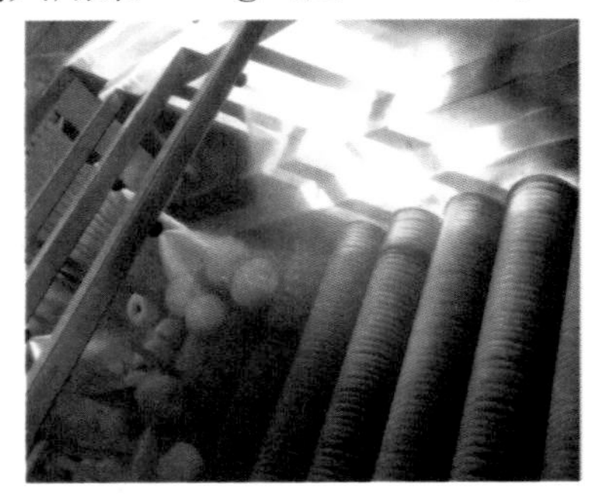

图 13－52　梨自动清洗

第二步去皮、去核，不去皮的产品口感不良，不去核则色泽不良（图 13－53）。

图 13－53　梨切分、去皮、去核

第三步护色，$NaHSO_3$浸泡 30 min。

第四步清洗，洗净硫，煮沸 10 min，进一步护色，去硫。

第五步打浆，用搅拌机完全打碎（图 13－54）。

图 13－54　梨打浆

第六步物料衡算。按梨浆重量加水 20%，加水后梨浆糖度 8.5%。计算要加糖的量，以实际某一批 10 kg 为例（原浆 10 kg，加水 2 kg），8.5%×12+X=（12+X）×14%，此处加糖量计算结果为 767 g。测定酸度显示原浆的酸度为 0.096%，加水以后酸度为（10×0.096%）/12=0.08%。调酸度计算过程 0.080%×12+X=0.086%×12，此处 X 为 0.72 g（加酸引起的重量变化此处忽略不计）。0.086%是市场某品牌冰糖雪梨中酸的含量，以此作为参考。

第七步加 CMC-Na，0.05%。12×1000×0.05%=6 g。增稠剂与糖混匀后再均匀地加进去，也可以加黄原胶等。

第八步煮沸，趁热灌装。以上配料及添加剂在煮沸的时间加入。

第九步杀菌、冷却。分段、立即冷却（图 13-55）。

图 13-55　梨浆产品

九、其他果酱

以芒果果酱为例，通用工艺流程为：优质芒果→去皮→切丁→煮制→榨浆→熬煮→罐装→密封、高温杀菌→冷却→成品。

材料及工具：新鲜水果、柠檬汁、白砂糖、水、刀具、砧板、盆、电子炉、锅、篮子、榨汁机（图 13-56、图 13-57）。

图 13-56　芒果果酱

图 13-57　水蜜桃果酱（下）及黄桃果酱（上）

十、地瓜干的加工

红薯在室温下放置 10～15 d 进行糖化，去皮清洗，工业推荐用去皮清洗机，实验室手工操作。熟化操作最好是蒸，实验室没有条件也可以煮，注意不要煮烂，工业用建议使用蒸箱。由于红薯蒸熟后，比较软，可以手工切条、切片。护色防腐操作按国标 2760 使用焦亚硫酸钠、苯甲酸钠、山梨酸钾。二氧化硫最大使用量为 0.35 g/kg，苯甲酸钠、山梨酸钾最大使用量为 0.5 g/kg。切制后摆放到烘盘里面烘干。工业建议用红薯烘干房自动烘干，可自动排湿、自动升温、自动报警等。实验室或小型作坊采用干燥箱，60 ℃～65 ℃烘干至适当程度（图 13－58、图 13－59）。

图 13－58　地瓜切条

图 13－59　地瓜干产品

十一、话梅加工

操作要点：①腌制。奈李划缝，加盐 15%，选择质地较硬、绿熟的奈李，可以腌制保存半年。②脱盐。脱盐脱至口感适中，4%左右的盐分。③配料。配香料（八角、桂皮、白糖、盐、柠檬酸等，可根据个人情况口感等配置）。④熬制。香料加水熬制（加水适量熬）。⑤奈李晒干，奈李晒干，可暴晒，可太阳晒或烘干到 7～8 成干（注意不能烘到全干）。⑥腌制。奈李腌至热的香料水中，趁热浸泡，至少 24 h 以上，夏天最好放冰箱，冬天放室内。⑦重复④⑤⑥奈李捞出来，香料可重复加水熬制，其内容物被吸收掉一部分，浓度变稀，第二次、第三次熬制可减少加水量。李子再晒（或烘）至 7～8 成干，再浸泡（趁热），如此反复 3～4 次，吸完香料液最好。⑧烘干。可裹一层甘草粉或白糖粉，筛掉多余的粉，成品褐红色为佳。

十二、蜜饯李加工

工艺流程：原料选择→清洗，去核→糖煮→控干→装盘→烘干→包装。

材料及设备：李子、冰糖、蜂蜜少许、柠檬、水、盆、刀具、电磁炉、电子秤、煮锅、干燥箱。山梨酸钾按 GB 2760—2014 最大使用量 0.5 g/kg，焦亚硫酸钠按 GB 2760—2014 最大使用量 0.35 g/kg。

操作要点：清洗原料，去核（图 13 - 60），加入 30%糖（按原料重量），少许蜂蜜，加水没过。熬煮，熬出红色的汁液后，加入柠檬汁护色，可按每 500 g 原料加半个柠檬汁，也可以加入柠檬酸，按国标规定加入山梨酸钾，小火慢熬至浓稠收汁状态，取出放凉，放入干燥箱 65 ℃烘干 1 h（图 13 - 61）。取出晾凉，包装（图 13 - 62）。色泽较为均匀，且鲜艳果肉分布均匀，黏稠度适中，口感偏甜且无异味。

图 13 - 60 准备原料李子 图 13 - 61 产品烘干 图 13 - 62 蜜饯李小包装

十三、芒果果丹皮加工

原料：新鲜芒果、白糖 20%、海藻酸钠 0.2%、柠檬酸 0.1%。

用具：刀具、锅、电磁炉、电子秤、天平、料理机、干燥箱、手压封口机、包装袋。

操作步骤：清洗后去皮去核。成熟度较高的芒果可人工直接去皮；成熟度不高的芒果可用沸水烫漂 1 min 左右，直至表皮开裂，迅速放入冷水中，冷却后人工去皮。原料选用优质果，残次果要去除虫眼、病斑、黑点及碰伤变色部分。原料也可加入其他果蔬，来改善或平衡产品风味，提高营养价值，发挥不同果蔬的互补作用。果肉切块打浆：去皮去核后剩下的果肉切成小块放入料理机中打成浆状（图 13 - 63）。打浆过程中以果浆细腻为宜，加工的果丹皮产品表面会比较平整。如果料理机无法保证果浆的细腻，则可以在摊皮烘烤前用筛网过滤，但此过程会造成物料浪费且增加工作量。要尽量避免大颗粒果肉的存在，否则不容易成型（图 13－64）。果浆加热浓缩：把打好的芒果浆置于不锈钢锅或夹层锅内加热浓缩，蒸发部分水分，然后加入辅料。依次加入白糖、海藻酸钠等，最后加入柠檬酸调节口感，此时果酱成浓厚酱体，其固形物可达 55%～60%，最后可根据产品感官需要适当加入少量芒果香精和色素。海藻酸钠用 5 倍水使其逐渐吸水溶解形成均匀胶体后再加入。白糖和柠檬酸要预先测定鲜芒果中糖分及酸含量，再根据产品需求确定加入量。白糖一般为芒果重量 20%～30%即可。柠檬酸是一种酸度调节剂，也是一种抗氧化剂，可以防止芒果泥氧化变色。摊皮烘烤：把加热浓缩后的芒果酱倒在专用纸上，放入干燥箱烘烤，在 60 ℃～65 ℃温度下干燥到酱体半干状态。揭皮、切片：从干燥箱取出纱布，取出整块半干状态芒果饼，用人工或机械切成块。干燥：把切好的芒果片放入干燥箱烘烤。待全部果泥变成固态的果丹皮，较为干爽，但仍有柔软度。包装，可用糯米纸覆盖表面，可防止产品粘连（图 13－65）。

图 13－63　打浆

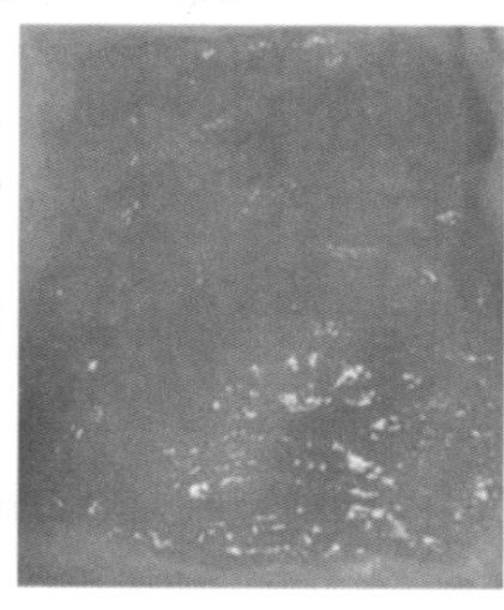

图 13－64　成型

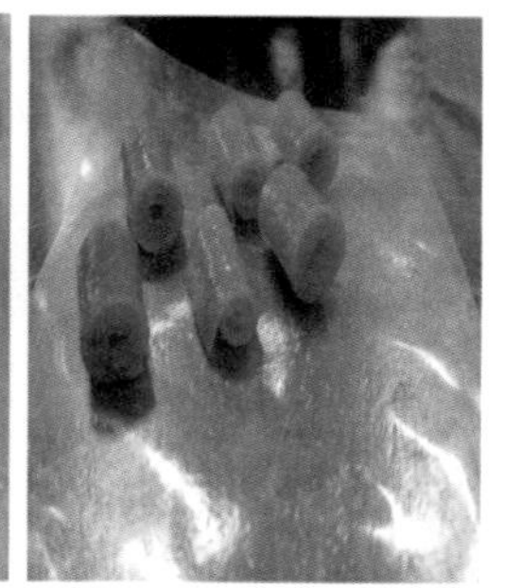

图 13－65　产品

第四节　汁制品加工实例

一、果蔬汁（柑橘）加工

（一）原料及设备

原料：柑橘、白砂糖、柠檬酸、维生素 C、琼脂、羧甲基纤维素、苯甲酸钠。

用具：榨汁机、均质机、台秤、量杯、漏斗、白色纱布、不锈钢锅、铝锅、pH 试纸。

（二）工艺流程

原料→洗果→去皮、分瓣→压榨→过滤（粗滤）→调配→过滤（精滤）→均质→加热→装瓶→密封→杀菌→冷却→擦瓶→贴标签→成品。

（三）操作流程

原料：选择果实应新鲜，无病、虫、糜烂，果汁含量高，种子少，成熟度高，品质好。

洗果：用清水洗净表面的泥沙及污垢等。

去皮、分瓣：手工去皮后将柑橘瓣分散，同时将种子、橘络去除。

榨汁：用专用榨汁机取汁。

粗滤：用纱布过滤一次，除去粗纤维、籽粒等杂物。

参考配方：原汁 50%、白砂糖 15%、水 35%、琼脂、羧甲基纤维素各 0.5‰、苯甲酸钠 0.2‰、维生素 C 0.02%、柠檬酸 pH3.3。

操作方法：先把白砂糖、水、原汁在电炉上加热，使糖溶化，过滤、调酸。

均质：于均质机或胶体磨内均质两次。

加热：将均质后的汁液于电炉上加热到 80 ℃，加入苯甲酸钠、维生素 C，先把琼脂和羧甲基纤维素在 500 mL 烧杯中加入适量水，在电炉上加热，使其熔化，加入已熔化的琼脂和羧甲基纤维素，搅拌均匀。

装瓶、密封：空瓶、漏斗及瓶盖洗净后于铝锅内蒸煮 10 min，备用；汁液加热后用漏斗趁热装入热瓶内，加盖密封。

杀菌、冷却：杀菌公式为（5′—10′—5′）/100 ℃。

（四）注意事项

散瓣时尽量将种子及橘络去除，以减少苦味；调配时原汁量可尽量减少，但不能低于 10%；装瓶时汁液与瓶子的温差不能太大，否则容易造成罐头瓶炸裂。

（五）产品质量要求

果汁橙色或橙黄色，有浓郁的橘子芳香。甜酸适口，稍带苦味。汁液浑浊，久置后有沉淀。

（六）注意事项

橘子汁含纤维素多，容易对均质造成影响，尽可能过滤再均质。可采用加热法，迅速加热，迅速冷却再过滤、明胶单宁沉淀法等。柠檬酸加 0.5% 可调到 pH3.5 左右。榨汁后剩下的残渣可制作橘子酱，煮到拉丝、透明、深红色，加糖 20%（以渣重计）。

二、菠萝汁加工

菠萝也称凤梨，它和香蕉、荔枝、芒果并列为世界四大名果，有 80 多个国家和地区把它作为经济作物栽培，我国是菠萝十大主产国之一，主要分布在广东、海南、广西、福建、云南等热带和亚热带地区，每年坐果 2 次，从 6、7 月开始直到翌年 2 月份都能见到果实。近年来，国内外菠萝罐头产品比例在逐渐减少，而鲜果和浓缩汁的比例却在增加。菠萝汁营养丰富，具有健胃消食、止咳利尿的作用，是气管炎、慢性胃炎患者的理想饮品。中医也认为，菠萝性味甘平，具有健胃消食、补脾止泻、生津解渴等功用，还含有菠萝蛋白酶，它能溶血栓，防止血栓形成，减少心脑血管疾病的死亡率。菠萝汁饮料是以菠萝果汁和蔗糖为主要原料加工而成的一种色泽鲜艳、味道芳香、酸甜爽口的保健果汁饮料，近年来深受消费者青睐，市场前景广阔。然而，由于目前菠萝汁饮料普遍存在放置 7～15 d 后便出现分层沉淀的现象，即稳定性差的问题，严重影响菠萝汁饮料产业的发展。不少研究者和生产者在《食品安全国家标准　食品添加剂使用标准》（GB2760—2014）指导下添加着色剂、增稠剂、防腐剂、漂白剂等，以保持产品最佳性状。但近年来不断出现的食品安全事件让消费者对加工食品的安全性高度关注，不添加任何添加剂的纯天然果汁正成为人们热衷的理想食品。菠萝汁可通过加工工艺的调节，不依赖任何食品添加剂，开发符合菠萝汁国家行业标准 QB/T 1384—2017《果汁类罐头》的产品。

（一）材料与方法

1. 材料与设备

仪器与设备参考型号示例：7 STELLIG 灌装机，C. SCHLIESSMANN KELLEREI. CHEMIE&CO. KG；sps047 刷洗机，BERTUZZI ALBERTO BERTUZZI SpA BRUGHERIO（MILANO）TTALY；UP-MO4515 破碎榨汁机，LAUFEER GMBH＋CO. KG；SHL 05 均质机，Bran＋Luebbe GambH；1000 L 贮罐，德国 ALFA－LAWAL NDUSTRIECHNIK GMBH West Germany 提供；手持式罐头真空度测定仪，西化仪科技有限公司；VBR82 手持糖度计，杭州汇尔仪器。

2. 方法

（1）菠萝原汁各项指标测定

酸度测定：依据 GB12456 食品中总酸测定方法进行，结果以柠檬酸计。可溶性固形物测定：按 NY/T 2637—2014《水果和蔬菜可溶性固形物含量的测定 折射仪法》、GB/T 12143—2008《饮料通用分析方法》，以手持糖度计测定可溶性固形物含量。维生素 C 测定：2，6－二氯靛酚钠滴定法。

（2）制汁工艺流程

菠萝→清洗→切分（图 13－66）→榨汁→沉淀→过滤→调配→均质→装罐→杀菌→冷却→保温。

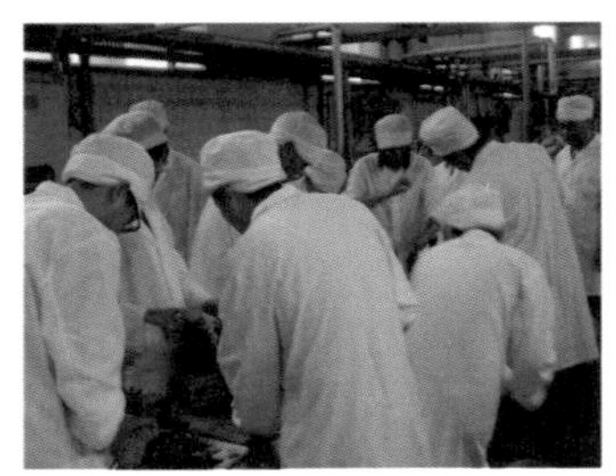

图 13－66 菠萝切分

（3）工艺要点

原料的选择：制汁原料应选用成熟度适中的果实，剔除腐败、变质、病虫害的果实。

清洗：果蔬自动刷洗机清洗，洗净果皮表面的污物。

切端、去皮、切分：清洗后的菠萝切两端果蒂和果柄，厚十字刀法切成 8 块。

榨汁：将洗净、切块后的果实倒入压榨机内直接榨汁。压榨上行距离10～15 cm，破碎机电极 2.2 kW，压榨机电极 0.37 kW，破碎机速度300 kg/h，榨汁压力 300 bar。

过滤：榨汁后的果汁，迅速加热到 80 ℃以上，迅速冷却，澄清 1 h 后四层纱布过滤，除去残余的果皮、部分纤维、碎果肉块和杂质等（图13－67）。

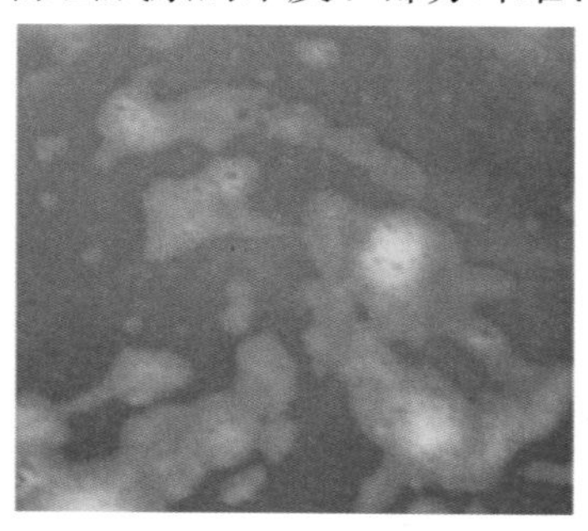
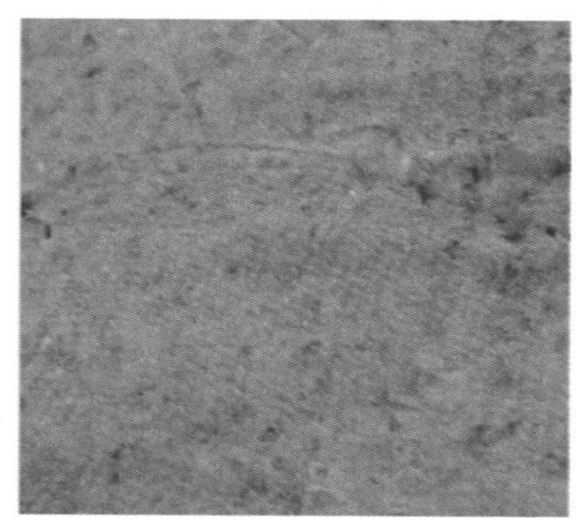

图 13－67　菠萝汁及菠萝渣

糖酸比调节：糖酸比影响果汁口感的主要因素，确定目标糖度为 14%，酸度为 0.53%。将蔗糖配成 65%的糖浆，2 层纱布过滤，备用。柠檬酸用蒸馏水溶解备用。原汁与水 1∶1 调配。

均质：均质压力 200 bar；螺杆泵 1.5 bar；油压泵一级 200 bar、二级100 bar；破碎粒度 2μm（图 13－68）。

装罐：半自动灌装机，趁热灌装（图 13－69）。

杀菌：巴氏杀菌，杀菌公式为$\frac{5'-10'-5'}{100℃}$。

冷却：分段快速冷却，杀菌后立即于 65 ℃—45 ℃—37 ℃自来水中冷却。

保温：产品于（30±1)℃储存库中保温 7 d。

图 13－68　均质

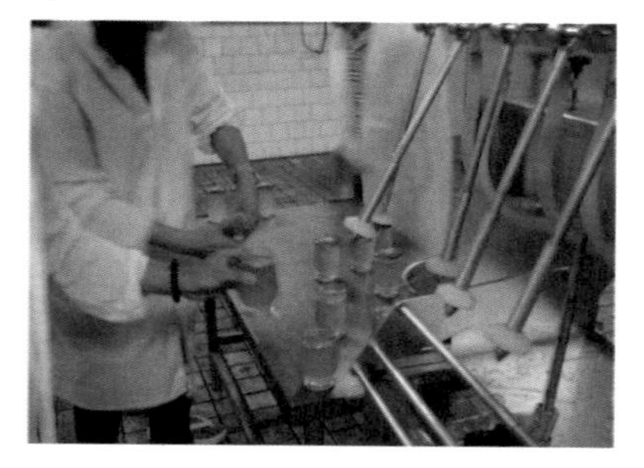

图 13－69　菠萝汁灌装

（4）产品感官检验

对于产品的级别等级划分采用评估检验法。感官评定在成品处理之后立即进行，结合 NY/T 873—2004《菠萝汁》及 QB/T 1384—2017《果汁类罐头》标准分别对样品的色泽、滋味、香味、外观形态四方面进行综合评分（表 13-4）。要求 10 个评价员品尝并评价灌装菠萝汁，按规定的级别定义，将他们分成三级，每一个级别按偏好 1、2、3 划分，将样品编号填入相应的级别里。采用 Excel 和 SPSS11.5 进行统计分析。

表 13-4 菠萝汁的感官评定指标及权重

质量指标		色泽（20%）	滋味（40%）	香气（20%）	外观形态（20%）
级别	优级品	淡黄色或黄色，有光泽，均匀一致	具有菠萝汁应有的良好滋味，酸甜适口，无异味	具有菠萝良好香味，味道柔和	均匀的浑浊度，长期静置允许有轻微沉淀
	一级品	浅黄色，均匀一致	具有菠萝汁应有的较好的滋味，酸甜适口，无异味	具有菠萝较好香味	均匀的浑浊度，长期静置允许稍有沉淀
	合格品	灰黄色，均匀一致	具有菠萝汁应有的滋味，无异味	具有菠萝汁应有的香味	均匀的浑浊度，长期静置允许有沉淀

（5）产品理化检验和微生物检验

在保温结束后按 NY/T 873—2004《菠萝汁》及 QB/T 1384—2017《果汁类罐头》规定的国家标准方法进行，测定指标有开罐酸度、开罐糖度、真空度、净重、锡、铜、铅、砷、菌落总数、大肠菌群最近似数（MPN）。

（二）产品分析

1. 感官检验

以上述工艺方法制得的产品如图 13-70。

图 13-70　菠萝汁产品

本次试验原料 345 kg，去果蒂、果柄后 273 kg，榨汁得到 180 kg 菠萝原汁，出汁率为 65.9%，菠萝渣橙黄无褐变，可用于提取菠萝蛋白酶等综合利用。原果汁可溶性固形物含量为 10%，酸含量为 0.85%。得到产品 1029 罐，色泽橙黄明亮。产品保温后无胀罐、罐壁腐蚀等不良现象。按抽样公式（$\sqrt{\frac{1029}{2}}$）随机抽取 23 罐样品进行检验，感官检验统计分析结果显示，所有样品综合评分结果为合格品，其中 22 罐为优级品，优级品得率为 95.7%。

2. 理化及微生物检验

对产品的抽样检验，与 NY/T 873 及 QB/T 1384 标准比较，上述产品各项指标结果如表 13-5、表 13-6。本次随机抽检的 23 罐样品合格率 100%。同时由于维生素 C 性质极不稳定，很容易以各种形式进行分解，加热、暴露于空气中、碱性溶液及金属离子等都能加速其氧化，本身可以作为加工食品营养损失的一个指示性营养素，测定各工序维生素 C 含量，通过得率换算成果肉维生素 C 含量，得出结论：该工艺流程下维生素 C 保存率为 83.1%，各个工序营养素都有不同程度的损失，损失最大的是加热沉淀。榨汁过程中可在果汁接收桶内加入一定量的维生素 C，可以保护产品的营养价值，也可起到护色的效果，而且维生素 C 在食品添加剂使用标准中可按生产需要量添加，但菠萝汁本身具有较强的抑制褐变的作用，且本工艺条件下维生素 C 的保存率较高，因此不予添加。

表 13-5 示例产品理化检验及微生物检验结果

测定指标	开罐酸度/%	开罐糖度/%	真空度/cmHg	净重/g	锡/(mg/kg)	铜/(mg/kg)	铅/(mg/kg)	砷/(mg/kg)	菌落总数(cfu/mL)	大肠菌群最近似数(MPN/100 mL)
测定结果	0.53±0.05	14.00±0.12	50.8±1.4	251±3	22.0±2.1	2.50±0.30	0.12±0.02	0.18±0.02	21±4	≤3

表 13-6 示例产品各工序维生素 C 含量

单位：mg/kg

测定时段	鲜果（连皮）	榨汁	加热沉淀	均质	杀菌
维生素 C 含量	420	409	361	359	349

（三）说明事项

1. 菠萝原汁固体颗粒沉淀工艺

果汁在储存过程中出现的沉淀现象非常普遍，果汁中固体悬浮颗粒的沉淀一般有加热法、明胶单宁法、果胶酶法等，可采用增稠剂、加热法等方法进行处理。加入 0.5%果胶（图 13-71a）、0.05%羧甲基纤维素钠（图 13-71b）具有明显的增稠效果，而加热法沉淀效果最好（图 13-71c）。若产品需要增加膳食纤维类营养物质，应首选增稠剂，这与目前食品工业上采用的一般方法相吻合，若开发无食品添加剂的生产工艺，首选加热工艺。采用物理加热方法沉淀果汁中纤维素等固体颗粒，结合均质工艺得到的产品稳定性好，保温期内未出现沉淀，3 个月后可出现极其轻微沉淀。

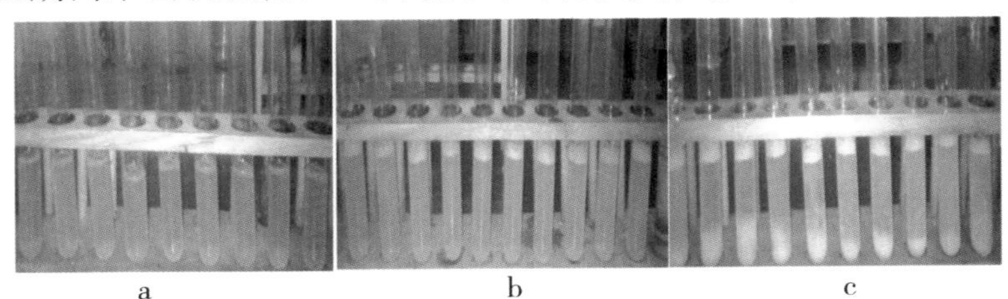

a　　　　b　　　　c

图 13-71 不同处理方法对菠萝汁稳定性的影响

2. 菠萝汁罐头中试工艺流程

工艺流程：菠萝→清洗→切分→榨汁→沉淀→过滤→调配→均质→装罐→杀菌→冷却→保温。各工序参数如下：破碎机速度为300 kg/h，压榨上行距离10～15 cm，快速加热、冷却沉淀法，糖度为14%，酸度为0.53%，均质机破碎粒度2μm。产品感官、理化及微生物指标符合菠萝汁行业优级品标准。

3. 营养素的损失

添加维生素C可以竞争性抗氧化，保护果汁营养素含量。加热对维生素C的破坏较为严重，加热沉淀工序应快速，成品冷却应分段、立即进行，最终维生素保存率可达80%以上。

三、梨子汁加工

（一）备料

清洗原料。图13－72中示例为23.6 kg梨，以下数值仅为演示物料衡算、调配等操作的计算过程，实际加工过程需根据产品需求自行核算。

（二）切分，护色

使用亚硫酸氢钠护色，查阅GB2760，进行换算，使用35 g亚硫酸氢钠加入25 kg水。浸泡30 min（图13－73、图13－74）。

图13－72　梨自动清洗

图 13－73　切分　　图 13－74　护色

（三）榨汁

使用破碎榨汁一体机，破碎后板框压榨，得果汁 14.8 kg，出汁率 62.7%（图 13－75）。

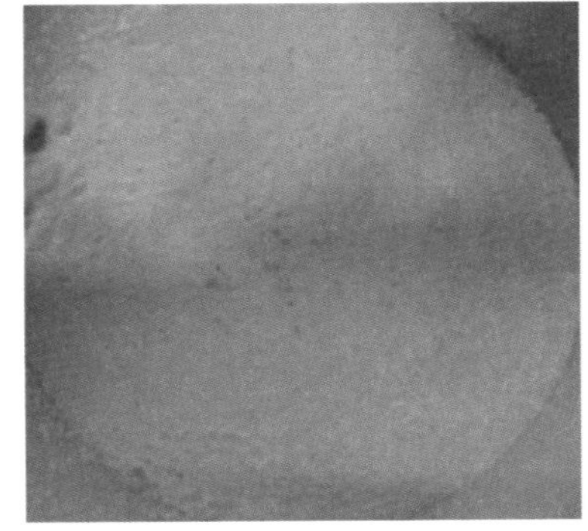

图 13－75　榨汁

（四）测糖度

该批果汁可溶性固形物含量 10%，市面上同类型果汁饮料某品牌冰糖雪梨糖度 12%，可参考该数值进行糖度调节。

（五）测酸度

该批果汁含酸量 0.096%。市面上同类型果汁饮料某品牌冰糖雪梨酸度为 0.086%。测定过程如下。

1. NaOH 标定（0.1 mol/L）

饱和 NaOH：22gNaOH＋20 mL 水，取 5.4 mL 到 1000 mL 水。0.75 g 邻苯二甲酸氢钾，用 NaOH 溶液滴定。消耗体积 V_1 34.4 mL，空白$V_0$0.1 mL。

$C_{NaOH}=0.75\div204\times1000\div34.3\approx0.1072$ mol/L。

2. 果汁酸度测定

称取果汁 50 g，消耗 6.8 mL，某参考品牌冰糖雪梨消耗 6.1 mL。

$C_{参考}$ =（6.1−0.1）×0.1072×10^{-3}×0.5×134÷50≈0.072%

$C_{果汁}$ =（6.8−0.1）×0.1072×10^{-3}×0.5×134÷50≈0.096%

（六）调配

加水 1 倍，加糖，加酸，加黄原胶。加完后过滤。

加水：14.8 kg。加酸：29.6 × 500 × 0.096% + X = 59.2 × 500 × 0.086%，此处 X 为 11.248 g。

加糖：29.6×500×10%+X=（59.2×500+X）×12%，此处 X 为 2355 g。

加黄原胶：0.05%×59.2×500=14.8 g。

注意事项：黄原胶可以加也可以不加，不加的适宜做透明果汁，加的适宜做浑浊果汁。若加黄原胶做透明果汁，则均质后加，可防止透明果汁沉淀。若加黄原胶做浑浊果汁，可以不均质。

（七）趁热灌装

图 13－76 所示例为采用半自动灌装机操作。

（八）杀菌，冷却

按上述方法加工的产品如图 13－77。

图 13－76　半自动灌装

图 13－77　梨汁罐头

第五节 腌制品加工实例

一、剁辣椒加工

（一）设备及材料

用具：不锈钢菜刀、砧板、泡菜坛。

材料：鲜红椒、食盐、氯化钙。

（二）工艺流程

原料整理→配料→入坛→后熟。

配方：红辣椒 100 kg、食盐 15 kg、氯化钙 0.1 kg。

（三）注意事项

要求红辣椒含水量低，无病虫害，未发水或泡水；装坛时，用盐均匀，装满压实。注意：①若短期内食用，或剁辣椒经灭菌操作，或加入防腐剂，可用盐 6%，口感适中；15%适合做辣椒盐坯，长期保存，但口感咸，适宜配菜等，不宜直接入口（图 13－78、图 13－79）。②如需加快效率，可使用辣椒破碎机，小型作坊可使用绞肉机代替。③可采用各种包装材料，可使用蒸煮袋真空包装或玻璃瓶包装，包装完毕灭菌。可使用普通热封袋包装，但灭菌操作不便，适于短期储存。若使用不耐热塑料瓶装，不适合加热灭菌的方法，可采用其他手段如加入防腐剂、无菌车间操作等以延长保质期。以上各种包装方法最好在入坛发酵完毕后再分装，若直接放入包装瓶中，则发酵不良（图 13－80、图 13－81、图 13－82、图 13－83）。④加入氯化钙的目的为保脆，不宜太多，否则有苦味，没有保脆需求可不加。

图 13－78 剁辣椒简易加工器具

图 13－79　加工剁辣椒

图 13－80　按上述工艺加工的塑料瓶装剁辣椒（实验室）

图 13－81　按上述工艺加工的袋装剁辣椒（实验室）

图 13－82　按上述工艺加工的塑料坛装剁辣椒（实验室）

图 13－83　按上述工艺加工的玻璃瓶装剁辣椒（实验室）

二、泡菜加工

（一）材料与设备

用具：泡菜坛、铝锅、沥箕等。

原材料及辅料：甘蓝（或白萝卜、花椰菜）、食盐、白糖、白酒、生姜、五香粉、花椒、干辣椒粉、茴香、胡椒、桂皮、氯化钙。

（二）工艺流程

原料清洗→切分→晾晒→配制泡菜液→入坛泡制→后熟→成品。

（三）操作要点

选择新鲜、质嫩、质脆、无病、虫、腐烂、含水量少的蔬菜品种。

清洗：将原料剔除腐烂、病虫害部分，清洗泥沙，除去粗皮、老筋、老叶等。

切分：将甘蓝用手撕成片状；白萝卜除掉绿色荷口后，切成0.6～1 cm厚，5～8 cm宽的片状；花椰菜去掉叶片后，将白色花蕾切成适宜大小的枝状。

晾晒：目的是去掉部分水分，软化组织、增加脆度。方法是将切分后的原料于竹筛内摊开，在太阳下暴晒4～6 h，或沥去明水后60 ℃～70 ℃干燥箱内干燥1～2 h；也可以用2%～3%食盐腌0.5～1 h，沥去明水后备用。

配制泡菜液配方：选用井水等矿物质较多的硬水、食盐6%、白糖2%、白酒0.2%、氯化钙0.5%。

加工中食盐的作用一是防腐，一般有害菌的耐盐力差；二是使蔬菜组织中水分析出，成品质地柔韧、咀嚼感强，盐度宜控制在10%～15%。过高，乳酸发酵受抑制，风味差；过低，杂菌易繁殖引起异味或变质。最后平衡盐浓度为8%以下，本示例产品采用6%。

由于泡菜一般采用蔬菜为原料，质地软，一般的热杀菌技术不适合，容易造成组织软烂。因此本示例结合两种延长保质期的方法，一是泡菜成熟后采用真空包装，巴氏杀菌；二是在泡菜液中加入防腐剂。另外，泡菜容易产生有害物质，本示例在泡菜液中加入维生素C以阻断亚硝胺的生成。同时，维生素C还具有较好的护色效果，添加剂的量严格参考GB2760—2014《食品安全国家标准　食品添加剂使用标准》，不得超范围、超量使用（表13－7）。

表13－7　泡菜液中添加剂的加入量

添加剂	使用量/（g/kg）	备注
苯甲酸钠	0.5	以苯甲酸计
山梨酸钾	0.5	以山梨酸计
维生素C	5.0	—

香料包：称花椒、桂皮、丁香、胡椒、茴香各0.5‰，生姜（切成0.3 cm厚的薄片）2%，干红辣椒1%，洗净，晾晒，用纱布包好。

装坛：装坛至一半时，加入香料包，然后注入1.2倍原料重的泡菜液，用竹片将原料卡压住，装坛装至距顶部6 cm处，加水加盖密封（图13－84）。

后熟：将泡菜坛放置阴凉干燥处，冬天12～16 d，夏季5～7 d即可成熟。

包装，杀菌。

本示例产品两种包装方式，其一为普通瓶包装，内装泡菜液，这种方式操作简单，口感好，适合短期出差旅游，方便携带，2 d以后基本能食用但由于没有热杀菌，保质期预计为7 d左右。其二为真空包装，保质期预计6个月，杀菌公式为5′—15′—5′/100 ℃，杀菌后迅速降温。

图13-84 泡菜入坛

（四）产品质量要求

色泽美观，香气浓郁，质地清脆，组织细嫩，含酸适度，微有甜味或鲜味，无异味，尚能保持原料固有的风味。

（五）注意事项

用于泡菜坛的水经煮沸后效果更好，必须冷却到室温才能使用；泡菜坛和盖必须先经洗净后用沸水烫漂沥干备用；装坛原料不适宜压太紧，注入泡菜液以淹没原料即可；注意缸沿清洁，经常更换清水，揭盖要轻，勿将坛沿水注入坛内；控制适宜的温度。温度以20 ℃～25 ℃为宜，偏高利于有害菌的活动，偏低不利乳酸发酵。值得注意，温度与盐浓度互相制约。当发酵温度偏高，应提高食盐的浓度；偏低可适当降低盐浓度，保证在自然室温下既能缩短周期，又能恒定质量。控制一定的pH值。乳酸菌能耐受较强的酸性，而腐败菌则不能。酵母、霉菌虽能耐受更强的酸性，但其属好氧菌，在缺氧环境中不能括动。故在发酵初期调节至低pH值（5.5～6.5）。食盐一般不超过6%，3%～6%为宜，4%或5%口感适中；白酒按每坛（5 kg）加入20 g左右（约一瓶盖的量）；加白糖少量，1%左右。韩式泡菜与本示例的重要区别是：前者食盐更少，不用水淹，不密封发酵。示例方法如下：齐心白一层，姜末、蒜末、盐、辣椒等一层；苹果或香蕉一层；3%的盐，不加水。

图13-85 瓶装泡菜

图13-85为产品示例，从坛内发酵完毕再分装较为适宜，若直接装入该瓶，则容易造成蔬菜软烂，且发酵不良。

三、软包装休闲泡菜加工

（一）利用乳酸菌发酵的软包装泡菜

菌种活化→接种

蔬菜洗净→沥干→切段→装坛、密封→发酵→成品→包装→分析

↑

盐水→灭菌

1. 菌株活化及发酵剂的制备

将乳酸菌菌株接于液体培养基中活化，之后转接于新的培养基中培养16 h。然后制得发酵用菌备用。

2. 装坛

装坛时，先装固体再加入纯乳酸菌，之后再加泡菜液，泡菜液为6%的盐水，其中水为烧开冷却的自来水，泉水最佳。装坛后加入总重量的0.04%的维生素C，以抑制亚硝胺的生长。

3. 发酵

发酵5～7 d，大部分产品即可成熟，发酵温度为28 ℃，该温度下乳酸菌生长迅速，且杂菌不容易生长。

4. 包装

组织较为紧密的产品采取真空包装，也可拌入辣椒油等辅料，巴氏杀菌后迅速分段冷却，组织较软的产品采取小罐包装，盐水浸泡，或散装。冷藏。

5. 分析

亚硝酸盐含量的测定采取国家标准方法GB5009.33—2016《食品安全国家标准　食品中亚硝酸盐与硝酸盐的测定》进行，采用其中的格里斯试剂法。部分软包装蔬菜腌制品休闲产品如图13-86所示。

图13-86　真空袋装泡菜

（二）自然发酵软包装豆芽

1. 原料处理

将1 kg鲜绿豆芽清洗干净；再将泡菜坛用开水浸泡消毒，起到高温杀菌的作用，

泡菜坛沥干水待用。

2. 配料处理

将新鲜尖辣椒洗干净后切碎，将生姜洗干净用刮皮刀去皮后切碎，将大蒜剥皮洗干净后切碎。将配料全部混合均匀，再适量加入花椒、八角、小茴香等调味，使腌菜风味更佳。

3. 配盐水

用量筒量取 2500 mL 水，再加入 150 g 食盐。根据水的用量加入 0.1% 的氯化钙，以达到保脆的作用。再加入适量白糖调味并帮助发酵，白糖可为微生物的生长提供碳源，盐水冷却备用。

4. 入坛

将豆芽铺一层在缸底，撒上混匀的佐料。如此一层豆芽一层佐料，在离缸口 15 cm 处压上重物，加适量食盐水，以淹没豆芽为度。最后再加入适量的白酒以达到消毒杀菌的作用。

5. 封口

用保鲜膜或内盖将坛口封住，盖上外盖，坛沿水采用 20% 的盐水。腌制 4～7 d 即可。

6. 包装

采用真空密封包装，巴氏杀菌 15 min，杀菌后马上冷却，保质期可达 6 个月以上。产品相关图片如图 13－87、图 13－88 所示。

图 13－87 豆芽入坛腌制

图 13－88 豆芽腌制品成品真空包装

7. 说明事项

（1）软包装豆芽腌制品将食品安全、营养保健、时尚潮流、方便快捷、色香味诱人等优点进行了完美结合，市场前景广阔。便于携带，适应现代城市快速的生活节奏。工艺简单，适合小作坊加工。

（2）技术指标。本示例产品根据食品安全国家标准等进行检测，产品各项指标正常，具有产品应有的正常色泽，无霉变、无生虫及其他正常视力可见的外来异物，无异味，无正常视力可见外来杂质，亚硝酸盐含量低。

（3）本示例产品在盐水中添加0.1%的氯化钙浸泡豆芽后腌制出来的口感清脆爽口、味道鲜美。氯化钙是一种较为安全的食品添加剂，在蔬菜罐头中允许最大使用量为1 g/kg。

四、低盐酱菜加工

将传统工艺加工的酱菜半成品，进行切分、脱盐后添加各种佐料，以降低含盐量，改善风味，并通过装袋、杀菌等工艺改善其卫生质量，从而提高其保藏性，以适应消费者需求，提高产品附加值。

（一）材料与设备

材料：半成品盐腌菜坯（如大头菜、油姜、榨菜、萝卜等均可）、香味料（如味精、八角粉、五香粉等）。

设备：恒温鼓风干燥箱、真空封口机、台秤、分析天平等。

参考配方：菜丝100%、白砂糖6%、味精0.2%、醋0.05%、香辣油2%、山梨酸钾0.1%。

（二）加工工艺

工艺流程：酱腌菜坯→切丝→低盐化→沥水→烘干→配料→称重→装袋→封口→杀菌→冷却→检验擦袋→入库。

操作要点：①脱盐。将切好的菜坯丝与冷开水（或无菌水）以1∶2重量比混合，对菜丝进行洗涤，以除去部分盐分，反复4～5次，实现脱盐，然后沥干水分，用干燥箱60 ℃进行鼓风干燥，挥发表面明水。②配料。按配方将菜丝与香味料混合均匀。③装袋。按包装袋大小需要进行装料，装料结束用干净抹布擦净袋口油迹及水分。④封口。真空度0.08～0.09 Mpa，4～5 s热封。⑤杀菌。封口后及时进行杀菌，杀菌公式5′—10′—5′/100 ℃。⑥冷却。杀菌后立即投入水中进行冷却，以尽量减轻加热所带来的不良影响。产品的感官质量标准：依原料不同呈现相应的颜色，无黑杂物。味鲜，有香辣味。质地脆、嫩。丝状，大小基本一致。

五、风味辣椒酱加工

（一）材料与设备

用具：刀具、砧板、泡菜坛。

材料：鲜红椒、食盐、氯化钙、黄豆、小麦、糯米、菌种、稻草。

（二）工艺路线

1. 剁辣椒的制作

配方：红辣椒 100 kg、食盐 15 kg、氯化钙 0.1 kg。

工艺流程：红辣椒切碎→配料→入坛→后熟。

注意事项：要求红辣椒含水量低，无病虫害，未发水或泡水；装坛时用盐均匀，装满压实。

2. 豆豉制作

（1）小麦、黄豆分别浸泡，冬天 8 h，夏天 4 h 左右。

（2）将小麦、黄豆煮熟，体积膨胀为原料 2 倍，内无白心，有明显的麦香味和豆香味。

（3）将稻草清洗、消毒、烘干。

（4）将小麦、黄豆摊开到稻草上，温度降到 30 ℃左右即可接种。

（5）接种：将含有菌种的曲子均匀喷洒到小麦、黄豆上。待长出菌丝 10 mm 左右，即可停止。

（6）将糯米煮熟，打成浆，冷却。

（7）发酵：将糯米与黄豆、糯米与小麦分别放坛内发酵（6%的盐）。

（8）辣椒酱制作：将上述发酵物与剁辣椒一起捣碎。

（9）加苯甲酸钠 0.5‰，装瓶。

六、非发酵性腌制品加工

原料：萝卜干、辣椒粉、食盐、腌制坛、食品添加剂。

参考工艺：萝卜复水→沥干水分→拌料（盐分 4%，辣椒粉适量，防腐剂参考 GB2760，苯甲酸钠和山梨酸钾最大使用量均为 1 g/kg）。

包装（图 13 - 89）。

图 13－89　萝卜干散装与真空包装效果

第六节　干制品加工实例

一、红枣干加工

（一）工艺流程

红枣清洗→去核→切片→烘干→包装→成品。

（二）操作要点

原料：要求选用加工品种，如若羌枣、婆枣、乐陵小枣等。拣去伤、烂、病虫枣。

烫漂：将枣在开水锅中焯一下，捞出沥干，以减少氧化作用。

去核：用红枣捅核器去核（图 13－90）。

图 13－90　红枣捅核

切片：将去核后的红枣切成环形薄片。

烘干：将红枣均匀摆盘，放入鼓风干燥箱干燥，温度为 60 ℃～65 ℃。注意对烘盘调换部位，并要不断抖动，使每个烤盘上的枣温度均一。一般 4～6 h 即可。

包装：烘出的枣必须注意通风散热，待冷却后方可包装。依上述工艺加工的红枣干产品如图 13-91、图 13-92 所示。

图 13-91　散装红枣干产品

图 13-92　简易包装红枣干产品

二、胡萝卜干制

材料与用具：胡萝卜、托盘天平、刀具、砧板。

方法：取洗净、去杂的胡萝卜，分别切成 1～2 mm 厚的薄片→用沸水预煮 1 min→于 60 ℃～70 ℃烘干→称重→观察产品的色泽透明度→记录数据→进行产品分析（表 13-8）。

表 13-8　胡萝卜干制原始数据记录

批次	原料重	净重	产品重	预煮(T)	预煮(t)	烘烤(T)	烘烤(t)	产品色泽	透明度	出品率
1										
2										

图 13-93 为小试产品效果图。胡萝卜没有烫漂（图 13-93 右）的周围出现黑色的一圈，发生褐变，烫漂过（图 13-93 左）的颜色为正常的红色。

图 13-93　胡萝卜干制效果

三、芹菜干制

叶绿素含量丰富的原料，加工品需要保持其绿色的应进行护绿，可将原料分别用清水、用 0.5%的石灰水等预煮，观察结果，采用再合适有效的方法护绿。

材料与用具：鲜芹菜、生石灰、天平。

方法：取洗净、去杂的芹菜 0.75 kg，称重→分别用沸水预煮 1 min，用烧开的 0.5%石灰水预煮 1 min→沥干（10 min）→60 ℃～70 ℃烘干→分别称重，记录结果进行产品分析（表 13-9）。

表 13－9 芹菜干制原始数据记录表

组别	预煮水组成	原料重	净重	产品重	预煮（T）	预煮（t）	烘烤（t）	烘烤（T）	产品色泽	出品率
1	清水									
2	石灰水									

四、菠萝干加工

材料与设备：鼓风干燥箱、刀具、砧板、菠萝。

工艺流程：挑选原料→去皮→切片→清洗→干燥→包装→成品。

操作要点：取成熟菠萝，剔除腐烂部分，去皮去果眼，切片，每片大小厚度均匀。沥干水分，在 65 ℃下干燥 8 h 左右观察干燥效果，使其含水量为 15%左右，口感有韧劲。干燥后的菠萝片直接接触空气会吸水回潮，可进行密封包装或真空包装，最大化保存菠萝片的颜色和香味。按本工艺加工的菠萝干呈橙黄色，大小颜色均匀一致，鲜甜干爽，美味适口，有菠萝的特殊芳香气味，果形呈圆片状，块形完整（图 13－94、图 13－95、图13－96）。

图 13－94 菠萝正在烘干

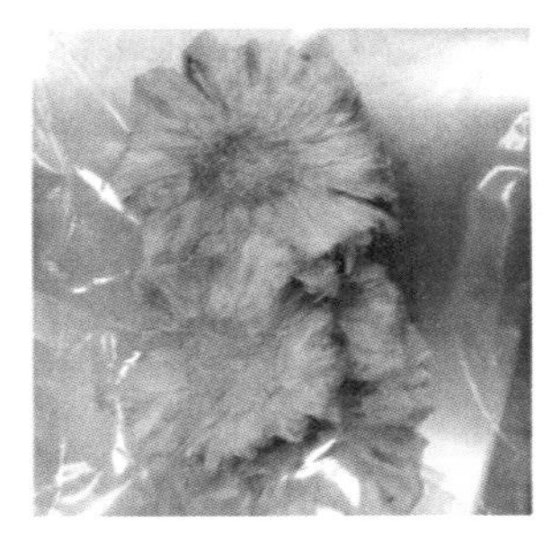

图 13－95 菠萝干产品（厚片）

图 13－96 菠萝干产品（薄片）

五、西柚和柠檬干加工

材料及用具：西柚、柠檬、刀具、鼓风干燥箱。

加工步骤：清洗→切片（图 13－97）→去籽→摆盘→热烫护色→沥干→干燥箱干燥→包装→成品。

操作要点：①将西柚和柠檬清洗干净。②将清洗好的西柚和柠檬切片，厚度 2 mm 左右，尽量均匀。③将切好的柠檬去籽。④用沸水热烫 3 min 护色。⑤把烫好的西柚和柠檬摆盘，垫上纱布。⑥放入干燥箱，65 ℃干燥，

8 h后观察干燥效果，调节摆盘位置（图 13－98、图 13－99、图 13－100）。
⑦包装（图 13－101）。

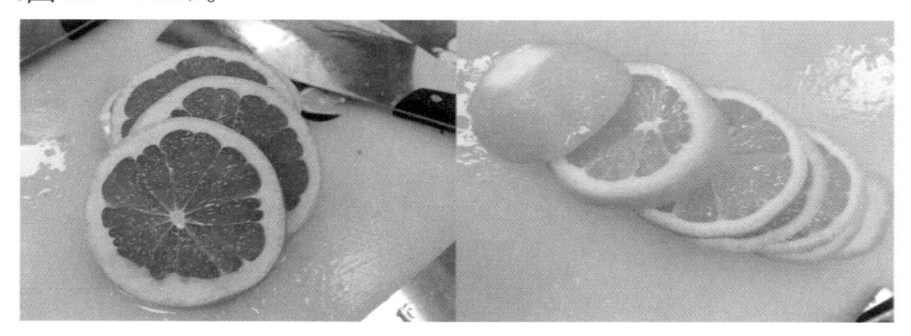

图 13－97 切片

图 13－98 烘烤 12 h 的产品

图 13－99 切片太薄烘烤过头的产品

图 13－100 烘烤 24 h 的产品

图 13－101 混合装产品

六、芒果干加工

材料与用具：芒果、白糖、刀具、鼓风干燥箱。

加工步骤：清洗芒果→称重→去皮→去核→切片（切成2～3 mm的薄片）→熬糖水→把切好的芒果片放入40%白糖水中浸泡2 h→干燥箱干燥（温度65 ℃，5 h后观察结果）（图13－102）。

产品要求：色泽金黄，无异味，大小薄厚一致，水分减少，口感酸甜（图13－103）。

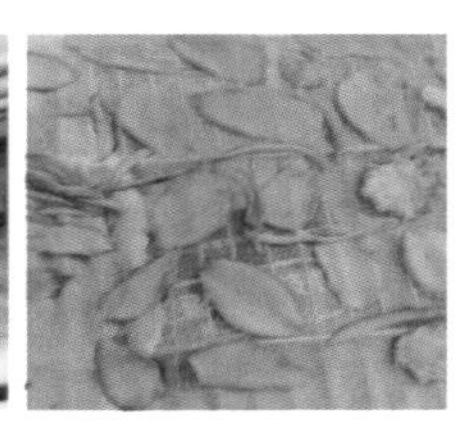

图13－102 芒果摆盘烘烤

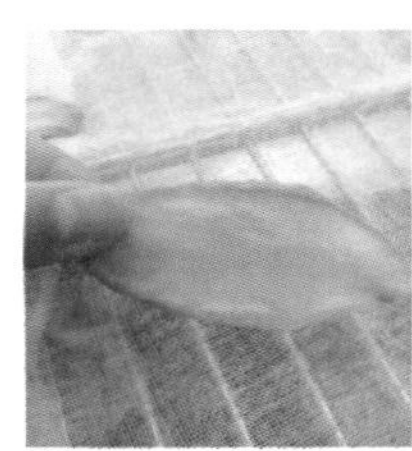

图13－103 芒果干产品

其他果蔬干制品，如苹果脆片也可以采用上述方法加工（图13－104）。

图13－104 苹果干

第七节　其他果蔬制品加工实例

一、果酒加工

（一）材料

柑橘、白糖、干酵母、发酵坛、滤布、糖度计。

（二）工艺流程

原料选择→分选→去皮→压榨→取汁→稀释→脱色→消毒→前发酵→调整酒度→后发酵→贮藏→澄清→过滤→装瓶→杀菌。

（三）操作要点

稀释：加纯净水为原汁20%。

脱色：加0.3%活性炭，脱色30 min。

糖度调整：糖度15%。

消毒：加焦亚硫酸钠0.02%。

接种：干酵母0.1%。

（四）注意事项

干酵母活化：干酵母放10%糖水溶液中，30 ℃活化30 min。

倒缸：前发酵过程中要经过3～5次倒缸，去除果渣（用吸管吸到另外一个缸）。

满缸：尽量减少与空气的接触，调节酒度。

酒度：加优质粮食酒精调配，之后进行陈酿。加速陈酿的方法：先冷后热、先热后冷、辐射等。果酒陈酿的时间通常一年以上为宜。

二、果蔬方便湿面套餐加工

方便面的制造技术经历了从第1代热风干燥→第2代油炸→第3代非油炸保鲜湿面的发展过程。目前油炸方便面成为市场的主流。但由于其油脂易氧化酸败、棕榈油含饱和脂肪酸过高、腻味易使人厌食等，呈现诸多弊端。随着人们食品安全意识的高涨，保鲜湿面应运而生，并被业内权威人士称为第3代方便面。湿法方便面是一种速食面，不经油炸、保鲜保湿、口感筋道爽滑以及食用方便等，备受消费者青睐。方便湿面具有不脱水、营养、卫生、保质期长、口感好、携带和食用方便等特点。本示例蔬菜方便湿面套

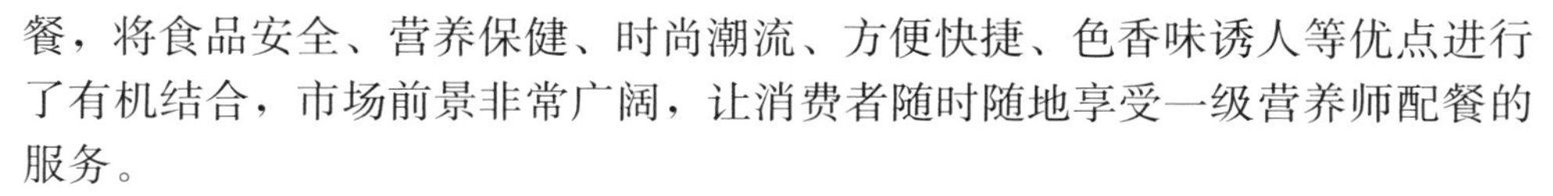

餐，将食品安全、营养保健、时尚潮流、方便快捷、色香味诱人等优点进行了有机结合，市场前景非常广阔，让消费者随时随地享受一级营养师配餐的服务。

（一）理论依据

套餐内各物质种类和含量的搭配依照《中国居民膳食宝塔》《中国居民膳食指南》及公共营养师一级相关技术。面条的量以从事中等体力劳动成年男性的能量需要量设计，按 350 g 的粮谷类一天，早中晚 3∶4∶3 的原则分配，早餐提供 105 g 面粉，折算产品 160 g。《中国居民膳食指南》建议深色蔬菜占一半以上，结合蔬菜本身特点及其产地、产量、市场供应等因素选择深色蔬菜芹菜和胡萝卜。调料包内牛肉和豆干提供优质蛋白质，香菇和黑木耳除了具有蔬菜的一般价值，还含有大量真菌多糖等，具有提高抵抗力、预防心脑血管疾病等功效。其风味主要依照湖南香辣口味而设计。

（二）工艺路线

1. 材料

食材：米糠（碾米厂当日新鲜米糠过 40 目筛）、面粉（高筋粉）、芹菜叶、胡萝卜、牛肉、香菇、黑木耳。

卤制材料：豆蔻、八角、桂皮、香砂仁、干姜、良姜、干辣椒、味精、食用油、食盐、白糖等。

2. 卤菜制作

将香料按一定比例熬制 2 h，投入食材和卤制材料，熬煮，焖锅，冷却后进行冻藏备用。

3. 湿面条制作

生湿面配方：①面粉。②芹菜叶汁。③食盐。

工艺流程：①面条制作。使用压面机将面团压成 2 mm 厚薄片（图 13－105、图 13－106、图 13－107）。②煮面，2 min。③水洗（用纯净水）。④浸酸 90 s。⑤沥干。⑥包装，蒸汽杀菌/巴氏杀菌 20 min。⑦冷却。

4. 检测方法

GB/T 4789.33《食品卫生微生物学检验　粮谷、果蔬类食品检验》、GB/T 5009.3《食品中水分的测定》、GB/T 5009.5《食品中蛋白质的测定》、GB/T 5009.4《食品中灰分的测定》、GB/T 5009.182《面制作食品中铝的测定》、GB/T 5009.6《食品中脂肪的测定》、GB 5461《食盐》。

图 13－105　芹菜汁面饼

图 13－106　胡萝卜面饼

图 13－107　胡萝卜面加工过程

(三) 产品介绍和示例

1. 产品参数

两种面营养互补，相互衬托，相得益彰。不含任何防腐剂可在自然条件下保存 6 个月，满足了人们崇尚营养健康的消费时尚。调料包内食材经过卤制，形成风味独特的佐料，口感香辣、微麻、爽口、香气持久（图 13－108、图 13－109、图 13－110、图 13－111、图 13－112、图 13－113）。每小包面条含能量 1556 kJ、蛋白质 16.5 g、碳水化合物 74.4 g、脂肪 2.6 g。每小包调料含能量 454 kJ、蛋白质 7.7 g、脂肪 7.9 g、碳水化合物 4 g。一份面条搭配一份调料包可满足早餐碳水化合物、优质蛋白质、能量、维生素、矿物质等要求。芹菜面、胡萝卜面营养成分（表 13－10）、调料包营养成分（表 13－11）、产品检测报告（表 13－12）均符合要求。

套餐搭配依据为中国居民膳食宝塔和膳食指南，面条及调料包均采用独立的真空包装，外包装为普通食品级包装袋热封包装，20 cm×30 cm。芹菜面和胡萝卜面均为160±5 g，9 cm×13 cm；调料包2包，7 cm×10 cm，内含卤制牛肉15±1 g、水发香菇20±1 g、水发黑木耳20±1 g、豆干20±2 g、少许芹菜菜；另一包为少许胡萝卜丁（图13-114）。图13-115是外包装设计效果示例，其中产品名为创意食品队负责人书法手写体，彰显个性及防伪特性，且为产品增添文艺元素。

图13-108 芹菜叶生面条

图13-109 胡萝卜生面条

图13-110 芹菜面独立包装

图13-111 胡萝卜面独立包装

图13-112 调料包散装效果

图13-113 调料包独立包装

表 13－10 面条营养成分表

项目	每 100 g	NRV
能量	973 kJ	12%
蛋白质	10.3 g	17%
脂肪	1.6 g	3%
碳水化合物	46.5 g	16%
Na	656 mg	33%

表 13－11 调料包营养成分表

项目	每 100 g	NRV
能量	432 kJ	5%
蛋白质	7.3 g	12%
脂肪	7.6 g	13%
碳水化合物	3.8 g	1%
Na	590 mg	29%

表 13－12 产品检测结果

项目	指标	
	芹菜面	胡萝卜面
色泽	均匀绿色	均匀橙黄色
气味	具有芹菜特有的香味	具有胡萝卜特有香味
外观	粗细均匀、光滑整齐、形态良好	粗细均匀、光滑整齐、形态良好
酸度（1.0 mol/L NaOH）/（mL/10 g）	0.5	0.5
食盐（以 NaCl 计）/%	0.6	0.6
大肠菌群（MPN/100 g）	—	—

图 13 - 114 两份装蔬菜湿面套餐

蔬菜湿面富含β-胡萝卜素、维生素E、真菌多糖、优质蛋白质、矿物质等，营养齐全，搭配合理，是居家、旅游、休闲的理想食品。

配料：小麦粉、芹菜、胡萝卜、淀粉、食盐、食品添加剂（乙酸）。

调料包：牛肉、豆干、香菇、黑木耳。

贮藏方法：宜放置干燥阴凉处，避免高温阳光直射，冷藏可延长保质期。

<table>
<tr><td colspan="3">面条营养成分表</td><td rowspan="7">二维码</td></tr>
<tr><td>项目</td><td>每 100 g</td><td>NRV</td></tr>
<tr><td>能量</td><td>973 kJ</td><td>12%</td></tr>
<tr><td>蛋白质</td><td>10.3 g</td><td>17%</td></tr>
<tr><td>脂肪</td><td>1.6 g</td><td>3%</td></tr>
<tr><td>碳水化合物</td><td>46.5 g</td><td>16%</td></tr>
<tr><td>Na</td><td>656 mg</td><td>33%</td></tr>
</table>

保质期：6个月

生产日期：见外包装袋封口处

产品标准号：DB43/338

图 13-115　外观包装设计效果示例

2. 食用方法

可直接食用，也可作炒面，用于涮火锅更具特色。热食时沸水泡或微波加热1 min即可，是居家旅游的理想食品。同时也适应现代城市快速的生活节奏。内包装若胀袋，请勿食用。

3. 适宜人群

老少皆宜，2份装尤其适合情侣用餐、家庭用餐，色泽鲜艳诱人，有利于提高食欲，和谐气氛。也可以一份装，适合个人食用，满足食物多样化的需要。

4. 营养特性

湿面是真正保持家庭自制面特点的面条，将深色蔬菜芹菜叶和胡萝卜分别融入面条，将米糠加入高筋面粉，同时搭配秘制调料包，内含牛肉、香菇、豆干、黑木耳等，设计为蔬菜湿面套餐。芹菜叶香味独特，营养价值高，对心脑血管疾病有辅助预防作用，胡萝卜色泽诱人，富含维生素A原，具有养眼睛、养黏膜、养头发等功效。米糠富含γ-谷维素、角鲨烯、亚油酸、维生素E等，被称为“天赐营养源”。牛肉与豆干提供丰富的蛋白质，香菇和黑木耳具有提高抵抗力、抵抗血栓等功效。产品健康营养、安全、色香味俱全。

产品运输方便，流通性强。项目投资少，成本低，入门易，市场潜力巨大。

第十四章　果蔬贮藏加工知识问答

1. 我国果蔬主要用于加工还是鲜食、储存？

我国果蔬生产量大，也是果蔬消费大国，我国居民以植物性食物为主，果蔬目前主要用于鲜食，加工比例相对较小，存在较大的发展空间。

2. NFC 果汁是指哪种果汁？

NFC 果汁是指非浓缩还原汁、非复原果汁，直接用鲜果榨汁而成，不使用果蔬粉调配或浓缩果汁稀释，其中不加热或采用巴氏杀菌的果汁可称为鲜榨果汁。

3. 果蔬冷杀菌技术有什么优点？

果蔬中的营养成分如维生素 C 等在加热条件下容易被破坏，而降低其食用价值，尤其是长时间热杀菌对营养的破坏更大，冷杀菌技术是指辐射、脉冲等处理，由于不经过加热，可以有利于保存食品的营养。

4. 克百威（别名呋喃丹）能用于莲藕吗？如不能用的依据是什么？

2002 年 6 月，农业部发布第 199 号公告，禁止 8 种农药用于蔬菜：甲拌磷（phorate）、甲基异柳磷（isofenphos-methyl）、内吸磷（demeton）、克百威（carbofuran）、涕灭威（aldicarb）、灭线磷（ethoprophos）、硫环磷（phosfolan）、氯唑磷（isazofos）。因此，克百威不可用于莲藕。

5. 添加剂怎么用？色素可以用于馒头、面条吗？芹菜面条能用绿色色素制作吗？

食品添加剂应严格按照 GB2760—2014《食品安全国家标准　食品添加剂使用标准》使用，不得超量、超范围使用，营养强化剂按 GB 14880—2012《食品安全国家标准　食品营养强化剂使用标准》使用。色素可用于果冻等产品，但依据 GB2760，不可用于面条。

6. 果蔬采后是活的吗？有呼吸吗？

果蔬采后是活的，有呼吸作用，具有一定的抵抗微生物的能力，由于果蔬采后具有呼吸，会放出热量，因此应控制储存环境为有氧、低氧环境，不可完全密封，否则果蔬会由于二氧化碳浓度过高而发生不良的生理反应，降低储存性能。

7. 为什么新鲜的大白菜、黄瓜、蒜薹等蔬菜收获后可以存放一段时间，而炒熟后 1～2 d 就变馊？

果实采收后利用自身在田间积累的有机物（如糖、有机酸、淀粉等）进行新陈代谢，保持其抵抗病虫害的能力。而炒熟的蔬菜没有了生命，失去了对微生物的抵抗能力，自身的营养物质变成了微生物的食品，所以会很快腐烂变质而不能食用。

8. 果蔬储存过程中要以哪种呼吸作用为主？为什么？

果蔬储存过程以有氧呼吸为主。①有氧呼吸单位底物放出的能量多，无氧呼吸放出能量少，在能量相同的情况下，无氧呼吸要消耗更多的底物，为有氧呼吸的28倍。②无氧呼吸过程中产生的乙醇和乙醛及其他有害物质会在细胞内积累，使细胞中毒。但应注意是低氧储存，低氧并不是完全无氧。

9. 怎样让果蔬提前上市？

果蔬提前上市可使用乙烯催熟。乙烯残留量应遵循GB 2763—2021《食品安全国家标准　食品中农药最大残留限量》的规定。如香蕉最大残留限量为2 mg/kg。

10. 茄子、香蕉为什么不适宜放冰箱储存？

一般而言，低温有利于果蔬储存，但温度并不是越低越好，具有一个临界点，如果温度过低，很容易发生冷害和冻害，如出现水浸斑、褐变等不良情况。茄子、香蕉在4 ℃低温下储存容易发生冷害，冷害是指高于果蔬冰点的不良温度下储存发生的生理失调现象。

11. 怎样防止马铃薯、大蒜等蔬菜发芽？

马铃薯、大蒜等自身具有一段时间的休眠期，但过了休眠期容易发芽。控制环境，在适当的低温下低氧储存，可促进和延长其休眠期；可规定使用抑芽剂萘乙酸（最大残留限量为0.053 mg/kg）或氯苯胺灵（最大残留限量为30 mg/kg）等。

12. 果蔬在储存过程中适宜直接堆放地板上吗？为什么？

地板温度较低，与地面接触的果蔬容易出现水珠，容易被微生物利用而发生溃败，因此果蔬存储应采取合适的方法堆码，不适宜直接堆放地板上。

13. 果蔬在储存过程中水分蒸发有什么不利影响？

果蔬失水蒸发可导致失重、失鲜。失重是指果蔬采后重量减少，会降低果蔬的商业价值。蔬菜的保鲜最主要的任务是保湿。失水会导致风味、结构、质量方面都会发生变化，即果蔬失鲜。果蔬失水还会导致正常代谢紊乱，降低果蔬的耐贮性及抗病性。水分蒸发还会促使叶绿素酶、果胶酶等水解酶的活性增强，造成果蔬叶绿素水解而变黄、果胶类物质变化而变软。

14. 果蔬在储存过程中“出汗”的原因是什么？

果蔬储存过程表面出现水珠，俗称“出汗”，容易滋生微生物，造成果蔬腐败，应尽量避免，出现这种情况的原因一般为库温不适宜、库温变化大、堆放方式不当等。

15. 果蔬采后可以进行哪些处理以延长其保存期？

果蔬采后可采取一系列的措施以延长其保存期：分级可避免交叉污染，有利于翻检；清洗可除去一部分泥沙和微生物等；打蜡可以起到保持水分的作用；防腐处理可抑制微生物生长等。

16. 打蜡有什么作用？水果允许打蜡吗？有什么依据？

果蔬使用的食品蜡为被膜剂，打蜡可美化外观、抑制水分蒸发、延长保存期等。被膜剂应根据 GB2760 规定使用。

17. 果蔬为什么有甜味？

大部分水果有甜味，部分蔬菜也有甜味，甜味主要是由于果蔬含有可溶性糖，如葡萄糖、蔗糖、果糖等，果蔬加工中应考虑其中糖含量和糖种类，控制蔗糖的添加量，控制糖分发生美拉德反应或焦糖化反应等。

18. 苹果、柑橘、葡萄、菠菜中主要的酸是哪一种？

苹果、梨的主要酸为苹果酸，柑橘类水果如橘子、柠檬、柚子等主要含柠檬酸，葡萄主要含酒石酸，叶菜如菠菜主要含草酸。但果蔬中的有机酸种类众多，除了主要的酸，还含有少量其他的有机酸，检测酸含量时通常以主要的酸计算。

19. 蔬菜放久了为什么会变黄？怎样护绿？

绿色果蔬中的叶绿素，被叶绿素水解酶分解为无色，呈黄色的类胡萝卜素则显露出来，因此呈现黄色。护绿的方法一是用碱，果蔬褐变生成的叶绿酸为褐色，与碱结合生成叶绿素盐，为稳定的绿色。二是烫漂，烫漂可灭活叶绿素酶，使其失去对叶绿素的水解作用。三是使用护绿添加剂。

20. 日常生活中炒青菜时，如加水熬煮时间过长，或加锅盖或加醋，所炒青菜为什么容易变黄？

叶绿素和蛋白质结合，加热时蛋白质变性，叶绿素游离出来，在酸性条件下会转变成褐色的脱镁叶绿素。

21. 还没有成熟的水果硬，熟了变软，这是什么原因呢？如何保脆？

水果在没有成熟时是以不溶性的原果胶存在，不溶于水，而且有很强的黏性，可以使细胞结合得比较紧密，所以看起来是硬的；随着水果成熟，原果胶在原果胶酶的作用下变为果胶，果胶是溶于水的，而且还没有黏性，所以细胞黏结在一起的力量减弱了，变软了。太熟了，果胶又变成了果胶酸甚至半乳糖醛酸，叫作烂熟。水果以果胶为主说明达到了成熟；以果胶酸为主，说明不能储存了。果蔬加工时应避免这种变化，保脆方法是用钙（CaO、$CaCl_2$），Ca 与果胶酸形成果胶酸钙能保持产品的脆度。

22. 没有成熟的水果比较涩，成熟以后涩味减少，为什么？

果蔬生长成熟过程中，水溶性单宁逐渐变成不溶性的单宁，所以涩味减少。

23. 西红柿加热后为什么会变酸？

西红柿加热后口感更酸，原因一是加热使氢离子离解度增高，二是加热使蛋白质变性，失去其两性离子的缓冲作用。

24. 柿子成熟后涩味变弱的原因是什么？果蔬如何脱涩？

涩味变弱的原因是单宁由可溶性变为不溶性，脱涩的方法可将果蔬浸泡于乙烯利溶液、清水、石灰水等环境中，利用果实无氧呼吸产生的乙醛与可溶性的单宁结合成不溶性的单宁。

25. 怎样鉴别花生皮是否是人工染色？

花生的天然色素花青素具有在酸性条件下变红、碱性条件下变蓝的性质，可使用碱液处理观察是否变蓝，但花生人工染色一是不允许，二是意义不大。

26. 荔枝非法使用盐酸、硫酸、含硫防腐剂浸泡，不法商家有何目的？怎么检测？

荔枝非法使用盐酸、硫酸等可以使荔枝色泽更红，保质期更长，可以使用特征离子进行检验，如 HCl 的定性检验使用 $AgNO_3$，利用银离子与 Cl 反应，检测是否生成白色沉淀，硫酸检验使用 $BaCl_2$，检验是否生成白色沉淀 $BaSO_4$，含硫防腐剂检验使用国家标准方法蒸馏滴定法测定即可。

27. 酶促褐变有哪三个要素？

果蔬去皮和切分后，原料中的酚类物质在氧化酶、过氧化酶的作用下被氧化变成黑色素，使产品呈现褐色，称为酶促褐变。这种褐变会影响制品的外观、风味和营养。该反应关键要有酚类底物、酶和氧气，三者缺一不可，加工中只需去除某一条件或者抑制某一条件，即能防止褐变发生。

28. 柠檬酸、维生素 C、食盐水为什么能够护色？

食品中含有 Cu 等金属时可促进氧化变色，柠檬酸能螯合金属，因而可间接抑制变色。维生素C为还原性维生素，能抗氧化，降低果蔬中的氧含量，因此可抑制果蔬氧化变色。食盐水中溶解的氧少，可抑制氧化作用。

29. 藠头做成盐坯有什么好处？

果蔬季节性强，新鲜果蔬难以长期保存，藠头虽然可存放一段时间，但其存放过程品质会下降，且不能满足食品加工对原料长期的需要，将其加工成盐坯可作为半成品长期储存，解决生产的季节性和地域性矛盾。

30. 黄桃、圣女果、橘子的皮和囊衣分别适合用什么方法去除？

黄桃适宜碱液去皮，碱液去皮广泛用于果蔬加工，利用碱的腐蚀作用去除果皮或囊衣等。制碱液的浓度和温度及其时间三个关键参数：碱浓度、碱温度、处理时间。圣女果可使用热力去皮，将其进行热烫，冷水中浸泡，有利于表皮剥离。某些果蔬以人工去皮为主，如柑橘，一般用手工剥皮，也可以先在开水里面热烫，再结合手工，橘子囊衣使用碱液浸泡。

31. 使用新鲜萝卜加工萝卜干应选用瘦长形的还是圆胖形的？

萝卜表皮口感鲜脆，加工萝卜条应利用这一性质，尽量保留表皮，同样的重量瘦长形萝卜表面积更大，表皮含量更多，因此更利于保持产品脆度。

32. 干辣椒如何护色？

自然加工方法加工干辣椒一般采用晾晒，机械法通常使用鼓风干燥，在干制过程中容易出现褐变，影响辣椒的感官品质，辣椒不宜使用加热烫漂等方法，可使用维生素C结合含硫添加剂处理等，但使用量应严格遵循GB2760的规定。

33. 家庭榨苹果汁怎样保证不变色？作坊、工厂是如何操作的？

家庭榨汁护色可使用沸水榨汁加维生素C等，操作简单，产品食用安全性高。作坊、工厂可以依照果胶标准使用热烫、含硫试剂处理、糖水浸泡处理、加抗氧化剂等。

34. “罐头游泳”是什么原因造成的？

正常的罐头，其固形物应均匀分布在罐头内部，罐头的固形物漂浮在上方称为“游泳”，出现这种情况的原因通常是罐头的固形物未装满时，在罐头灭菌后形成的真空环境下容易漂浮，因此应尽量装满。

35. 罐头灭菌完即胀罐，是什么原因？怎么防止？罐头在7 d时出现胖听，是什么原因？怎么防止？罐头在3个月出现胀罐，是什么原因？怎样防止？

罐头灭菌完毕胀罐，表示内容物装太满，装罐时应留5 mm左右的顶隙。罐头 7 d 胀罐，表示灭菌不彻底，应调节灭菌参数。罐头 3 个月胀罐，原因主要是内容物与罐头瓶内壁材料发生化学反应生成了氢气，因此选择罐头瓶应采用抗酸材料。

36. 糖制品为什么能长期保存?

糖制品含糖量高，能长期保存，主要原因是糖分形成的高渗透压抑制了微生物的活性，降低了水分活度，抑制了酶的活性，但糖制品不能完全抑制霉菌，如需防止霉变，还应结合真空包装等处理。

37. 泡菜长白膜是什么原因? 怎么防止?

泡菜以乳酸发酵为主，同时存在有少量的乙醇发酵和乙酸发酵等，乙酸发酵需要氧气，少量的乙酸发酵有利于糅合酸味，但大量的乙酸发酵可出现白膜等情况。出现乙酸发酵主要是密封不严、乙酸菌等杂菌生长，应严格控制密封环境，防止杂菌生长。

38. 腌制泡菜和酸菜要利用乳酸发酵，腌制咸菜和酱菜、剁辣椒等要抑制乳酸发酵，怎么控制?

咸菜和酱菜、剁辣椒，口感不宜过酸，可根据乳酸菌的性质进行控制，高盐可抑制乳酸发酵，15%乳酸菌以上几乎不活动，因此这类产品中可增加盐的用量，使用透光的容器加工储存也有利于防止乳酸发酵，或采用抑制乳酸菌的试剂、加工完毕加热杀菌等处理。反之泡菜和酸菜，低盐可促进乳酸发酵，3%～5%为宜，宜采用避光陶瓷泡菜坛。

39. 密闭的烘房加热干制竹笋易败坏是什么原因? 如何避免?

果蔬干制过程就是水分蒸发的过程，果蔬表面的水分蒸发到外部环境中，应及时进行排湿，否则只加热不排湿，水分平衡后果蔬内部的水分不再迁移至外部，外部水分不能排至空气中导致果蔬败坏，可在墙壁开窗排湿来避免。

40. 制作果肉饮料时如何防止果肉颗粒沉淀?

饮料中混有果肉时，若不加处理，会导致其沉淀。若为极细颗粒可过滤后采用均质方法将其破碎，使其均匀悬浮在液体中；若为颗粒状，可按国标要求加入果胶等增稠剂使其悬浮。

参考文献

[1] 陈晓华. “十二五”农产品质量安全监管目标任务及近期工作重点[J]. 农产品质量与安全，2011，1：5-10.

[2] 姚於康. 浅析中国农业标准化体系建设现状、关键控制点及对策[J]. 江苏农业学报，2010（4）：55-58.

[3] 农业部赴德国农产品质量安全监管体系培训团. 德国农产品质量安全监管体系概览[J]. 农产品质量与安全，2013，3：70-76.

[4] 徐迟默，杨连珍. 菠萝科技研究进展[J]. 华南热带农业大学学报，2007，13（3）：24-29.

[5] 喻凤香，林亲录，陈煦. 柑橘罐头研制及其维生素C保存率研究[J]. 农产品加工，2012（4）：61-63.

[6] 张意静. 食品分析技术[M]. 北京：中国轻工业出版社，2005：32-35.

[7] 赵晨霞. 果蔬贮藏加工技术[M]. 北京：科学出版社，2005：184-250.

[8] 刘新社，聂青玉. 果蔬贮藏与加工技术[M]. 2版. 北京：化学工业出版社，2018：140-204.

[9] 中华人民共和国农业部. NY/T 2637—2014 水果和蔬菜可溶性固形物含量的测定　折射仪法[S]. 北京：中国标准出版社，2014.

[10] 中华人民共和国农业部. NY/T 873—2004 菠萝汁[S]. 北京：中国标准出版社，2004.

[11] 中华人民共和国工业和信息化部. QB/T 1384—2017 果汁类罐头[S]. 北京：中国标准出版社，2017.

[12] 中华人民共和国国家卫生和计划生育委员会. GB 1886.9—2016 食品安全国家标准　食品添加剂　盐酸[S]. 北京：中国标准出版社，2016.

[13] 中华人民共和国国家卫生和计划生育委员会. GB 1886.20—2016 食品安全国家标准　食品添加剂　氢氧化钠[S]. 北京：中国标准出版社，2016.

[14] 中华人民共和国国家卫生和计划生育委员会. GB 2760—2014 食品安全国家标准　食品添加剂使用标准[S]. 北京：中国标准出版社，2014.

[15] 中华人民共和国国家卫生和计划生育委员会. GB19299—2015 食品安全国家标准　果冻 [S]. 北京：中国标准出版社，2015.

[16] 中华人民共和国国家卫生和计划生育委员会. GB7098—2015 食品安全国家标准　罐头食品 [S]. 北京：中国标准出版社，2015.

[17] 祁胜眉. 农产品质量安全管理体系建设的研究 [D]. 扬州：扬州大学，2011.

[18] 喻凤香，何跃飞，王彩霞. 农产品质量安全监管体系研究 [J]. 农产品加工，2014，368（10）：61－63.